New Work Hacks

Nils Schnell · Anna Schnell

New Work Hacks

50 Inspirationen für modernes und
innovatives Arbeiten

Nils Schnell
MOWOMIND GbR
Hamburg, Deutschland

Anna Schnell
MOWOMIND GbR
Hamburg, Deutschland

ISBN 978-3-658-27298-2   ISBN 978-3-658-27299-9   (eBook)
https://doi.org/10.1007/978-3-658-27299-9

Die Deutsche Nationalbibliothek verzeichnet diese Publikation in der Deutschen Nationalbibliografie; detail-
lierte bibliografische Daten sind im Internet über http://dnb.d-nb.de abrufbar.

Springer Gabler

Springer Gabler ist ein Imprint der eingetragenen Gesellschaft Springer Fachmedien Wiesbaden GmbH und ist
ein Teil von Springer Nature.
Die Anschrift der Gesellschaft ist: Abraham-Lincoln-Str. 46, 65189 Wiesbaden, Germany

Vorwort

Wir sitzen für eine kleine Auszeit auf der philippinischen Insel Palawan am wunderschönen Napcan Beach und haben zum ersten Mal auf unserer #modernworktour die Ruhe und Zeit, unsere Eindrücke sacken zu lassen und zu verarbeiten. Zu diesem Zeitpunkt haben wir bereits 14 Länder besucht und Einblicke in innovative Unternehmen u. a. im Balkan und den STA-Ländern erhalten sowie inspirierende Menschen in der Mongolei und China kennengelernt. Angeregt von ihren Ideen, Geschichten und Arbeitsweisen stellen wir uns erneut die Frage, wie wir am besten modernes und innovatives Arbeiten über unsere tagtägliche Arbeit hinweg unterstützen und verbreiten können. Immer wieder stellen wir fest, dass unsere Erfahrungen rund um Formate, Methoden und Herausforderungen als anregend empfunden werden und auch die Menschen auf unserer Reise inspirieren sowie einladen, selbst neue Wege zu gehen und den Status quo in ihren Unternehmen zu challengen. Davon beflügelt, sprechen wir über die verschiedenen Möglichkeiten, die wir selbst in unserer Arbeit bei MOWOMIND anwenden oder bei anderen beobachtet haben, und entdecken erfreut, dass hier schon eine beeindruckende Liste zusammenkommt. Bei deren Durchsicht sehen wir, dass es sich um unterschiedliche Kniffe und Tricks handelt, die die Denkweise im New Work auf unterschiedliche Weise anregen oder durch die konkreten Formate in der Arbeit eingebunden werden können. Sie machen uns selbst Spaß und wir beschließen, die aus unserer Erfahrung 50 wichtigsten Impulse als New Work Hacks aufzuschreiben und in einem Buch festzuhalten. Was an einem weißen Sandstrand beginnt, wird im Mekka der digitalen Nomaden und Backpacker auf Bali aufs Papier bzw. ins Google Drive gebracht und bis in unsere Heimat Hamburg fortgeführt. Wir hoffen, dass wir mit diesem Buch auch den Geist und Elan unserer Reise weitergeben und New Work weltweit zugänglicher machen können. Dieses Buch ist für all diejenigen gedacht, die in ihren Arbeitsalltag mehr Sinnhaftigkeit, mehr Fokus auf den Menschen und dessen Interaktionen legen wollen. Die New Work Hacks sind für diejenigen, die mehr Lernen in ihrer Arbeitswelt ermöglichen und Wissen teilend einbringen wollen.

Wir möchten dir als Leser aufzeigen, welche kleinen Anstöße und großen Veränderungen möglich sind, um die Zukunft der Arbeit aktiv im Hier und Jetzt zu gestalten. Um selbst Teil der Veränderung zu werden und um anderen beim Arbeiten ein Vorbild zu sein und zeigen zu können, was alles möglich ist, wenn man mit Leidenschaft, Freude und Mut neue Dinge ausprobiert und seine Routinen verlässt.

Wenn ihr mehr Informationen zu den New Work Hacks haben möchtet, scannt den QR Code ein, der euch zu unserer Website weiterleitet.

Wir sind gespannt, anschließend von dir zu hören, freuen uns über Feedback oder Gespräche über und im Sinne von New Work. Schreib uns gerne an unter info@mowo-mind.com. Doch jetzt wünschen wir dir erst einmal gute Anregungen, inspirierende Impulse und viel Freude beim Lesen!

Anna Schnell
Nils Schnell

Inhaltsverzeichnis

Über die Autoren

Anna Schnell Geschäftsführerin MOWOMIND – enabling purpose-driven work
Expertin für Change und New Work
zertif. Coach, Moderatorin und Trainerin
Autorin von Sach- und Wissenschaftsbeiträgen
mehrjährige Erfahrung in internationalen Lernkontexten und Wirtschaft

Nils Schnell Geschäftsführer MOWOMIND – enabling purpose-driven work
Experte für New Work und Leadership
Zertif. Coach und Moderator
Mehrjährige Erfahrung in internationalen Wirtschaftskontexten
Konstruktivist und Sinnstifter

Anna Schnell und **Nils Schnell** unterstützen mit MOWOMIND Unternehmen, sinnstiftende Arbeit in den Mittelpunkt zu stellen sowie die Wissensvernetzung im Unternehmen durch innovative Methoden und Formate zu erhöhen. Beide haben bereits international in über 25 Ländern gearbeitet und mit ihren Erfahrungen fundierte Kenntnisse rund um Change, Lernen und Weiterbildung aufgebaut. Beide dozieren an verschiedenen Hochschulen und in internationalen Kontexten.

Einleitung oder das „Warum" zum Buch

Erkläre Menschen, warum du etwas tust, und sie werden dir zuhören und dich besser verstehen: „always start with the why" – ganz nach dem inzwischen in New-Work-Kontexten legendären Leitspruch von Simon Sinek (2011). Anhand unseres Warum zeigen wir dir die Stoßrichtung des Buches auf und geben Auskunft darüber, für wen das Buch gedacht ist und wer es vielleicht wieder aus der Hand legen kann.

Für diejenigen, die den Begriff „Hack" nicht kennen, hier schon einmal eine kurze Erläuterung: Ein Hack ist wohl mit dem deutschen Begriff Kniff am besten übersetzt. Als Lifehack werden sogenannte Lebenskniffe, also Tipps und Tricks bezeichnet, die das Leben einfacher und besser machen können. Beispielsweise lässt sich das Einmachglas mit Omas köstlicher Marmelade viel leichter öffnen, wenn du ein Messer zwischen Deckel und Glas ansetzt und durch Hebelwirkung den Unterdruck mit einem „Plop" auflöst. Oder das simple Binden eines Doppelknotens, damit sich der Schnürsenkel des Laufschuhs nicht nach wenigen Metern wieder löst.

New Work Hacks sind also Tipps und Tricks, die modernes und neues Arbeiten unterstützen, Kommunikation, Lernen und Reflektieren verbessern und am Ende des Tages einfach praktisch sind und sogar Spaß machen.

The Why – Das Warum
Warum also nun dieses Buch über New Work Hacks? Welchen Mehrwert können sie dir bringen? Mit dem Buch wollen wir zu einer besseren Arbeitswelt beitragen, um aufzuzeigen, dass mit kleinen Veränderungen und Experimenten großes Potenzial im Unternehmen lebendig gemacht werden kann. Wir wollen konkrete Anregungen für tatsächliche Anwendungen geben und nicht die gehypte Arbeitswelt um Kicker-Tische, kostenloses Obst und eine Duz-Kultur glorifizieren. Wir wollen unsere Erfahrung teilen, da es uns sinnvoll erscheint, neben der spannenden Diskussion um New Work und

© Springer Fachmedien Wiesbaden GmbH, ein Teil von Springer Nature 2019
N. Schnell und A. Schnell, *New Work Hacks,*
https://doi.org/10.1007/978-3-658-27299-9_1

dem Aufzeigen von modernem Arbeiten, direkt anwendbare Impulse an die Hand zu bekommen. Wir wollen, dass du einen guten Überblick und schnellen Einblick in New Work erhältst, und haben dir 50 New Work Hacks so griffig wie uns möglich aufbereitet.

Zielsetzung und Inhalt des Buches

In diesem Buch werden wir dir ganz konkret Tipps und Tricks aufzeigen, die praktisch und leicht umzusetzen sind. In vielen Büchern geht es inzwischen ganz allgemein um New Work und die Herausforderungen moderner Arbeit. Die Folgen der Digitalisierung und Technologie für uns Menschen und unsere Gesellschaft stehen dabei häufig im Fokus. All diese Bücher haben ihre Berechtigung und tragen dazu bei, New Work besser zu verstehen. Doch diese Veränderungen bekommst du tagtäglich selbst zu spüren, siehst sie in deinem Team und deinem Unternehmen oder sie beeinflussen dich selbst. Was wir bisher nicht gesehen haben ist ein Buch, das erfolgreiche New-Work-Tipps für die direkte Anwendung, für konkrete Impulse und Veränderungen zur eigenen Weiterentwicklung aufzeigt: Übersichtlich, mit Tipps zum Implementieren und Ideen für den Umgang mit möglichen Herausforderungen. Prägnante, praktische Beispiele sollen dir darüber hinaus zeigen, wie ein New Work Hack tatsächlich umgesetzt und eingebunden werden kann.

Ziel ist es, dass jede Führungsperson, jedes Team und jedes Individuum unsere Hacks nutzen und mehrwertbringend im Unternehmen ausprobieren und ggf. implementieren kann. Dabei sind Vorkenntnisse im Bereich New Work und Methoden/Formate bestimmt hilfreich, aber sicherlich nicht zwingend. Sinngetriebene Veränderungswünsche, die aufmerksame Wahrnehmung von ungenutztem Potenzial und der Impuls, etwas verbessern zu wollen, sind bereits Ansporn genug für gelingende Weiterentwicklung, gemeinsame sowie neue Wege in der Arbeitswelt – und die ideale Ausgangssituation für das Lesen dieses Buches.

Es geht darum, konkrete Anregungen und Impulse zu geben, die einen Mehrwert bringen und das Arbeiten sowie die Kommunikation im Team und Unternehmen spürbar verbessern.

Uns ist dabei wichtig zu betonen, dass New Work nicht nur für Tech-/IT-Unternehmen und Start-ups relevant ist hat oder einen Mehrwert bringt. Überall, wo Menschen zusammenarbeiten, miteinander kommunizieren und sich verständigen, ist Potenzial für Weiterentwicklung, für gemeinsames Wachsen und die Unterstützung durch unsere New Work Hacks vorhanden. Neben den bekannten Branchen und typischen Umfeldern kann also auch in einer Schreinerei, einer Anwaltskanzlei oder im Food-Bereich modern und innovativ gearbeitet werden.

Beispielsweise haben wir in einer Hamburger Kita Retrospektiven eingeführt, die den ohnehin schon stressigen Alltag von Erzieherinnen erleichtern und ihnen wieder mehr Fokus auf die betreuten Kinder erlauben. Oder es konnten unsere Impulse für eine agile

Kanzleiführung dazu beitragen, dass Kanban Boards die Fallbearbeitung von Anwälten in Rheinland-Pfalz übersichtlicher organisieren.

Entscheidend ist die Vorgehensweise, also wie wir unsere gemeinsame Arbeit gestalten. Hierbei wird zunehmend wichtiger, dass Kommunikation und Interaktion gestärkt werden. Hilfsmittel sowie Formate und Methoden vereinfachen diese teilweise unübersichtlichen Prozesse und werden durch Kniffs verbessert. Dabei sind unsere New Work Hacks selbstverständlich kein Allheilmittel, sondern vielmehr eine Auswahl wie an einem modernen Marktstand: Alles kann gelesen und betrachtet werden, das, was als hilfreich eingeschätzt wird, kann ausprobiert und sollte reflektiert werden.

Jede Person, jedes Team, jedes Unternehmen ist anders – entsprechend gibt es auch keine ideale Shoppingliste für New Work Hacks, die immer funktioniert. Jeder New Work Hack kann für das eigene Anliegen eine hilfreiche Unterstützung sein, wenn er zur Situation, in den Kontext und zu den involvierten Personen passt. Aus diesem Grund wird heute auch nicht mehr von Best Practices, sondern von Good Practices gesprochen. Gute Anwendungserfahrung und erfolgreiche Implementierungen eines bestimmten Lernformats können beispielsweise in einem anderen Unternehmen nicht fruchten. Die Gründe hierfür sind divers und nicht immer nachvollziehbar – jedes Unternehmen ist anders.

Wir empfehlen beim Experimentieren und Implementieren von New Work Hacks, den Menschen stets den dahinterliegenden Grund zu erläutern, um den Sinn und potenziellen Mehrwert des anfänglichen Mehraufwandes zu erklären und nachvollziehbar zu machen. Letztendlich können neue Wege des Zusammenarbeitens nur gemeinsam erfolgreich begangen und nachhaltig im Unternehmen eingebunden werden.

Die New Work Hacks sorgen mit ihrer Lesart für Impulse auf drei Ebenen, die jede ihr eigenes Ziel und ihren eigenen Mehrwert mit sich bringen.

Die New Work Hacks in diesem Buch können

1. inspirieren und anregen,
2. implementiert und ausprobiert werden,
3. bestehende Strukturen und Vorgehensweisen verbessern und weiterentwickeln.

Das Einsetzen von New Work Hacks soll also nicht ausschließlich verfolgt werden, sondern es gibt durchaus gleichwertige Alternativen, die zu einer Veränderung beitragen. In Sarajevo in Bosnien und Herzegowina haben wir beispielsweise ein junges Start-up beraten und dem Führungsteam einige Hacks vorgestellt. Nach einer anregenden Diskussion hat das Führungsteam zwar nicht einen konkreten Hack implementiert, jedoch basierend auf unseren Anregungen die eigenen Vorgehensweisen, Kommunikationswege und Delegationsfähigkeit reflektiert. Auf diese Weise sind Veränderungen angestoßen worden, die ohne die Impulse aus den Hacks so nicht eingetreten wären. Das Führungsteam hatte festgestellt, dass es trotz Wachstum immer noch zu sehr an vielen Aufgaben festhielt und es dringend angeraten war, wieder mehr strategischen Fokus einzunehmen und den Mitarbeitern gleichzeitig mehr Verantwortung zu übergeben.

Zusammenfassend können wir festhalten, dass ein erfolgreicher Impuls wichtiger ist als das stumpfe oder sinnlose Implementieren eines New Work Hacks, der nicht zum Unternehmen passt. Alles, was eine verbesserte Zusammenarbeit anregt und bisherige Strukturen hinterfragt, birgt das Potenzial zur Weiterentwicklung. Auf welcher Ebene das passiert, ist auszuprobieren und auszutesten. Es geht darum, Erfahrungen zu sammeln und die eigene Denkweise auf New Work auszurichten. Die vom Aufwand und Umfang unterschiedlichen New Work Hacks bieten eine ideale und flexible Grundlage dafür und unterstützen maßgeblich die Zusammenarbeit sowie eine erfolgreiche Weiterentwicklung.

Das Buch ist wie folgt aufgebaut

- New Work – Ein kurzes, prägnantes Kapitel über die Ursprünge und Ausgangslage von New Work, den Einfluss von Frithjof Bergmann und über die gelebte Praxis von New Work in der heutigen Zeit.
- Lesart der New Work Hacks – Ein Einblick in den Fokus und Aufbau der New Work Hacks. Durch praktische Fragestellungen wird der Mehrwert, der beim Lesen der New Work Hacks entsteht, unterstützt.
- 50 New Work Hacks – Hier werden die 50 New Work Hacks in alphabetischer Reihenfolge aufgezeigt und erläutert.
- Next Steps – Impulse, wie die New Work Hacks genutzt werden können, um im eigenen Unternehmen erfolgreich eingebunden zu werden. Voraussetzungen, Vorgehensmöglichkeiten und Tipps werden hier aufgezeigt.
- Outro – Der mutige Blick in eine New-Work-Welt, in der moderne Arbeit den gelebten Werten und Eckpfeilern von New Work entsprechend stattfindet und maßgeblich das Arbeiten und die Gesellschaft prägt.
- Im Anhang findet sich eine Übersicht der 50 New Work Hacks und deren Systematisierung, was aufzeigt, wie aufwendig und anspruchsvoll einzelne New Work Hacks sind und wer sie nutzen kann.

Wenn ihr mehr Informationen zu den New Work Hacks haben möchtet, scannt den QR Code ein, der euch zu unserer Website weiterleitet.

Für wen das Buch nicht geeignet ist

Die New Work Hacks sollen aktiv dazu beitragen, dass Weiterentwicklung und Veränderung stattfinden können. Das Buch ist also für all diejenigen nicht sonderlich geeignet, die sich grundsätzlich gegen Veränderung stellen. Für diejenigen, die lieber in einem Kontext arbeiten möchten, in dem sich so lange wie möglich nichts verändert, und die aufgrund dessen lieber erhobenen Hauptes untergehen möchten, ist dieses Buch nicht zu empfehlen. Wenn du als Leser lieber gesiezt werden möchtest, weil alles andere dir unhöflich erscheint, wenn du meinst, deine Stellung und dein Titel werde nicht ausreichend gewürdigt, und wenn du als Manager in Zukunft weiterhin alles alleine entscheiden willst, könnte dir dieses Buch wohl deine kostbare Zeit rauben. Ist es dir wichtig, die Mitarbeiter zu kontrollieren, sie als Ressource einzuplanen und sie nur so weit zu entwickeln, wie du es brauchst? Dann lege dieses Buch bitte jetzt zur Seite! Es könnte sonst nämlich passieren, dass du doch noch angeregt wirst und sinnhaftes Arbeiten nach dem Lesen des Buches für dich gar nicht mehr abwegig scheint. Das Lesen des Buches geschieht gerade in diesem Fall ausdrücklich auf eigene Gefahr.

Was ist eigentlich New Work?

Bei New Work handelt es sich um einen freiheitlich-philosophischen Denkansatz, der von dem Sozialphilosophen Frithjof Bergmann Ende der 1970er Jahre begründet wurde.

Ausgehend von den beiden Annahmen,

1. dass Arbeit Leben nehmen sowie geben kann (Polarität der Arbeit), und
2. dass Menschen keine Sinnhaftigkeit in ihrer Arbeit erkennen (Armut der Begierde),

entwickelte er den Ansatz, nach dem wirklichen Wollen in der Arbeit zu fragen (Bergmann 2017). Heute können unter New Work veränderte Arbeitsweisen in einer technologisierten, digitalen und globalen Arbeitswelt gefasst werden, die auf sinnstiftende und erfüllende Tätigkeiten abzielen und den Menschen in den Mittelpunkt stellen. Gerade weil sich unsere Gesellschaft von einer Industrie- in eine Wissensgesellschaft entwickelt und zunehmend von neuen Werten geformt wird, werden freiere und flexiblere Arbeitsstrukturen immer notwendiger. New Work möchte hier eine Bewegung und eine Grundrahmung bieten, den Herausforderungen in der Arbeitswelt zu begegnen und die tiefgreifenden Veränderungen menschlich zu begleiten. Dabei beruht New Work wie jeder Ansatz auf bestimmten Grundannahmen, Zielsetzungen und Werten, die sich geformt, aber auch weiterentwickelt haben. New Work beansprucht für sich nicht nur, ein theoretisches Konstrukt zu sein, sondern praktische Anwendungen aufzuzeigen, die das neue Arbeiten ermöglichen.

New Work nach Frithjof Bergmann

New Work entstand Ende der 1970er Jahre im US-amerikanischen Flint, Michigan, damals der größte Produktionsstandort von General Motors (GM). Frithjof Bergmann sah sich in der Automobilstadt mit dem Problem konfrontiert, dass durch Automatisierung

© Springer Fachmedien Wiesbaden GmbH, ein Teil von Springer Nature 2019
N. Schnell und A. Schnell, *New Work Hacks,*
https://doi.org/10.1007/978-3-658-27299-9_2

zunehmend Arbeitsplätze verloren gingen und es zu Massenentlassungen kommen sollte. Dabei fiel ihm auf, dass die Arbeit nicht gänzlich verschwindet, sondern sich lediglich verkürzt, was ihn zu einem damals sehr revolutionären Gegenvorschlag bei GM veranlasste: Alle behalten ihren Arbeitsplatz, arbeiten jedoch nur noch sechs Monate im Jahr (Hornung 2018). Die andere Jahreshälfte, so Bergmann, sollte dafür genutzt werden herauszufinden, was die Arbeiter „wirklich, wirklich wollen" und wie sie damit Geld verdienen können. Es sollte laut Bergmann also ein „horizontaler Schnitt" gemacht werden, statt die Hälfte der Stadtbewohner in die Arbeitslosigkeit zu drängen. Zusammen mit Gleichgesinnten gründete Bergmann das erste New-Work-Zentrum (Bergmann 2017, S. 13).

In seinen Gesprächen mit den Fließbandarbeitern bei GM in Flint begegnete ihm immer wieder das Phänomen, dass diese kaum Leidenschaft und Fröhlichkeit in ihrem Dasein und durch die Arbeit entwickeln konnten. Die Menschen kamen ihm so vor, dass sie ihre Arbeit bis zum Wochenende oder bis zum Ruhestand ertrugen, wie man eben auch eine Erkältung erträgt. Dies nennt er bis heute „Armut der Begierde" und fasst damit die Abwesenheit von Passion im eigenen Dasein und das Defizit, die Sinnhaftigkeit in der eigenen Tätigkeit zu begreifen, zusammen (t3n Magazin 2019). Bergmann schlussfolgerte, dass Arbeit Menschen einerseits Leben geben bzw. mit Leben erfüllen und andererseits Leben nehmen bzw. krank machen und schwächen kann, was er als „Polarität der Arbeit" bezeichnet (Bergmann 2017, S. 14).

Diese beiden Betrachtungsweisen bestärkten ihn in seiner Idee, dass Arbeit grundlegend verändert und neu gedacht werden müsste: Der New-Work-Ansatz wurde als ein Versuch geboren, Menschen auf kompetente, professionelle und empathische Weise in dem zu unterstützen, was sie wirklich, wirklich wollen, und sie in ihrem Dasein zu bestärken.

Die Betonung des Wollens durch die Dopplung „wirklich, wirklich" soll verdeutlichen, dass es sich dabei nicht um eine einmalige Überlegung handelt, sondern darum, immer und immer wieder in eine Auseinandersetzung mit der eigenen Begierde zu gehen und diese zu hinterfragen. Denn das was man wirklich, wirklich wolle, behauptet Bergmann, sei kein gläserner Cinderella-Schuh, den man einmal findet und der ewig passt. Er sieht New Work als ein Konzept an, bei dem man sich viel häufiger mit Fragen auseinandersetzt, die man sich sonst nicht stellt, was den philosophischen Charakter von New Work kennzeichnet (Bergmann o. J.).

Arbeit als einen stärkenden bzw. erfüllenden Teil im Leben zu betrachten und aktiv zu gestalten, greift Bergmann unter dem Aspekt von Gemeinschaft auf. Er geht davon aus, dass sich New Work im Rahmen einer neuen Wirtschaft (New Economy) durchsetzen wird, in der die lokale und soziale Produktion von Gütern wie Lebensmittel, Bekleidung, Wohnraum etc. auf begrenztem Raum unter Nutzung von neuesten Technologien im Fokus steht. Unter dem etwas sperrigen Begriff „High-Tech Self-Providing" oder auch „neues Bauerntum" ist zu verstehen, dass der Mensch sich sinnvoll, erfinderisch, smart und fantasievoll mit seiner Arbeit auseinandersetzt, die ihm Lebensfreude bringt und nicht nimmt (Bergmann 2017, S. 21).

Tab. 1 Dreiklang von New Economy – New Work – New Culture. (in Anlehnung an Bergmann 2017, S. 24)

Konzept	New Economy	New Work	New Culture
Outcome	Dezentrale, gemein-schaftliche, hochmoderne Produktion von Gütern	Sinnstiftendes Leben und Arbeiten	Neue Produkte und Verdienstmöglichkeiten
Frage	Was stärkt uns?	Was wollen wir wirklich wirklich?	Was hilft uns dabei und wie viel ist es uns wert?
Beispiel	Green/Sustainable Fashion in kleinen Produktions-stätten in Europa	Qualitätskleidung ohne Kinderarbeit und Umweltverschmutzung	Hose aus Bambusfasern, Jacke aus Rhabarberfasern

Und schließlich versteht sich New Work auch als praktischer Ansatz, indem konkret geschaut wird, wie neue Produkte entstehen und Geld verdient werden kann. Dabei sollen die Chancen, die uns durch die Digitalisierung und Technologisierung zur Verfügung stehen, genutzt werden. Laut Bergmann wird hier der dritte Aspekt von New Work, die Entwicklung einer neuen Kultur (New Culture), mit neuartigen Produkten und Erzeugnissen ermöglicht (Bergmann 2017, S. 38) (vgl. Tab. 1).

New Work nach Frithjof Bergmann ist demnach ein weitreichender und ganzheitlicher Ansatz, der durch den Fokus auf ressourcen-orientiertes und sinnstiftendes Leben und Arbeiten in einer digitalen und technologisierten Umwelt fokussiert, die neue Produkte hervorbringt und damit ein Auskommen ermöglicht.

New Work im aktuellen Kontext

Heute befinden wir uns in einer ähnlich gearteten Lage wie Frithjof Bergmann vor fast 40 Jahren: Das Konzept der Erwerbsarbeit, wie wir es heute kennen, wird zunehmend infrage gestellt, da Arbeit durch Globalisierung, Digitalisierung und Technologisierung immer stärker verkürzt und verändert wird (Bergmann und Friedman 2007, S. 16). Während damals Maschinen vor allem physische Fähigkeiten des Menschen wie Kraft und Schnelligkeit ersetzten, wird mittlerweile Wissensarbeit übernommen, wie etwa das Beantworten meiner Fragen bei einem automatisierten Kundenservice mittels Chatbots. Auch Teile des Recruitings können bereits durch Künstliche Intelligenz (KI) unterstützt werden, Tendenz stark steigend. In Almaty, Kasachstan, haben wir den Gründer eines Start-ups kennengelernt, der sich auf Bots spezialisiert hat, die sich auf den Einstellungsprozess im Unternehmen konzentrieren. Durch derartige Entwicklungen nimmt die Bedeutung von New Work zu, da die Veränderungen in unserer Gesellschaft tiefgreifender sein werden, als wir es uns bisher ausmalen können.

►   New Work ist in erster Linie eine Haltung und Denkweise – ist also „Mindset".

In Zeiten, in denen Computer in immer größeren Anteilen Wissensarbeit übernehmen – ähnlich wie in der Industrialisierung –, ist die Suche nach dem Sinn unserer Tätigkeit – dem, was wir wirklich wirklich wollen – essenziell. Das kann und soll im New Work als Chance für jeden Einzelnen gesehen werden. Dieses Verständnis von Arbeit geht aber weit über flexible Arbeitszeiten und Remote-Arbeit hinaus. Es geht unter anderem darum, das eigene Denken, also das eigene Mindset, flexibel zu halten und regelmäßig Routinen zu hinterfragen.

Interessante sicht- und hörbare Beispiele für einen Mindset Shift sind die Art der Kommunikation und die Darstellung von Status. Sprache ist in New-Work-Kontexten einer stetigen Veränderung unterworfen und mit Buzzwords und bestimmtem Wording konnotiert. Es werden Begriffe benutzt, die in dem jeweiligen Kontext am besten passen und funktionieren. Dabei entsteht häufig ein Mix, beispielsweise aus Deutsch und Englisch, das sog. Denglisch. Für die involvierten Personen ist das in Ordnung, denn auf diese Art können sie besser miteinander kommunizieren: Wenn es im Englischen ein Wort gibt, das genau den Sachverhalt beschreibt (z. B. Mindset, Funnel, Biases), wieso umständlich in der deutschen Sprache nach Umschreibungen suchen? Es wird frei entschieden, wie Sprache am besten genutzt werden kann. Dadurch wird sie flexibler und verändert sich schneller. Denglisch ist damit Ausdruck einer pragmatischen Herangehensweise und durchaus legitim. Es werden gewissermaßen Grenzen und Barrieren in Bezug auf Anstand, Traditionen oder Eitelkeit abgebaut.

Eitelkeit wird in New-Work-Kontexten dagegen nicht gerne gesehen, da diese zeigt, dass man sich nicht im besten Interesse der Gemeinschaft verhält, sondern dass Status, Rolle und Position als wichtiger empfunden werden. Status wird hierbei als Substitution sinnbefreiter Arbeit gesehen. Wenn ich keinen Sinn in meiner Arbeit sehe, dann zumindest Macht und Status. In New-Work-Kontexten wird aus dem Wunsch nach Status der Wunsch nach Freiheit und Flexibilität, die sich im stetigen Verbessern, Lernen, Auseinandersetzen und Reflektieren zeigen.

Wenn wir erkennen und uns bewusst machen, dass viele Bereiche in den nächsten Jahrzehnten im Umbruch sein werden, kann uns das dabei helfen, unsere Aufmerksamkeit auf den Sinn einer erfüllenden Arbeit zu lenken, ob das nun in unserem aktuellen Kompetenzbereich liegt oder nicht. Neben politisch zwingend notwendigen Handlungen und neuen Arbeitskonzepten kann im besten Fall jeder Einzelne überlegen, welche Arbeit ihm zufriedenstellend und sinnvoll erscheint. Durch den Fortschritt sind nicht nur viele Berufe vom Aussterben bedroht, es entwickeln sich auch ständig neue Möglichkeiten. Sie zu erkennen, sich mit ihnen auseinanderzusetzen, Interesse an Technologie zu entwickeln und ihr mit Mut zum Ausprobieren zu begegnen, werden wohl die größten Herausforderungen werden. Erste Anzeichen für eine solche Auseinandersetzung kann beispielsweise in der große Bewegung von „Sustainable", „Eco Friendly" und weiteren gesehen werden. Die Arbeit ist getragen von einem sinnhaften Anspruch und hat Menschen beflügelt, neue Arbeitsmöglichkeiten zu schaffen und aufzubauen.

▶ New Work fordert Sinnhaftigkeit und Identitätsklarheit beim Arbeiten – ist also „purpose driven".

Das, was Bergmann als das „wirklich wirklich Wollen" bezeichnet hat, um die Armut der Begierde zu verkleinern, zeigt sich heute zum einem in dem selbstbewussten – im Sinne von aufmerksamen und durchdachten – Auftreten der jungen New-Work-Unternehmen. Und zum anderen in der Klarheit der Ausrichtung im jeweiligen Unternehmen. In gelebten New-Work-Kontexten wissen Gründer in der Regel genau, warum sie das tun, was sie tun, und können so auch eine starke Unternehmensidentität entwickeln. Gepaart mit dem Verantwortungsbewusstsein, einen Beitrag in der Gesellschaft zu leisten, kann der Sinn oder auch Zweck in New Work betont werden und auf diese Weise auch die Menschen im Unternehmen motivieren, daran zu arbeiten.

So entwickelte beispielsweise eine junge Gründerin in der Mongolei die erste natürliche Hautpflege-Marke L'hamore in ihrer Heimatstadt Ulaanbaatar (UB), die als eine der Städte mit der stärksten Luftverschmutzung der Welt gilt. Sie hat erkannt, dass die Menschen in UB unter Hautproblemen leiden, die durch die Umweltverschmutzung entstehen, und dass die Mongolei natürliche Ressourcen bietet, um sich dagegen zu schützen. Sie beschäftigt in der Produktion überwiegend Frauen, die die natürlichen Seifen und Cremes noch von Hand herstellen.

▶ New Work stellt den Menschen in den Mittelpunkt der Arbeit – ist also „people focused".

Nie zuvor haben moderne Unternehmen einen stärkeren Fokus darauf gelegt, Menschen und ihre Arbeit in den Mittelpunkt zu stellen. Viele Unternehmen beschreiben sich inzwischen selbst als „people focused", indem sie beispielsweise extra neue Funktionen schaffen, die sich nur um das Verbessern und Weiterentwickeln von Zusammenarbeit und Interaktion kümmern. Unternehmensinterne Coaches, Agile Coaches, Purpose Enabler, Happiness Manager und mehr dürfen sich in ihrer Arbeit voll und ganz den Menschen widmen. Dieser Trend ist bei Weitem nicht überall angekommen und bisher manchmal noch ein Luxus, den sich verdienende Tech-Unternehmen und Start-ups leisten. Doch auch in großen Unternehmen bewegt sich etwas: In einigen Unternehmen gibt es inzwischen Agile Coaches, wenn auch häufig nur für Entwickler-Teams. Human Resources (HR)-Mitarbeiter werden verstärkt in Coaching und Moderations-Skills trainiert, weil sie eben nicht mehr nur noch die Einarbeitung neuer Mitarbeiter beim Einstieg in ihrer Tätigkeit und die Monatsabrechnungen organisieren. Die Aufwertung von Personalarbeit wird zu einem zentralen Thema im New Work, dem sich einige Unternehmen noch zu stellen haben.

So legt der in Hamburg lebende Max als „Chief of Joy Officer" den Fokus seiner Arbeit darauf, Belegschaften im Unternehmen so in ihrer Arbeit zu unterstützen, dass sie motiviert arbeiten können.

▶   New Work begleitet Menschen in der Weiterentwicklung ihrer Kompetenzen –
    ist also „skill driven".

Menschen werden in ihrer Arbeit auf eine neue Art und Weise begleitet – sie erhalten
sowohl die Zeit als auch den Rahmen, um sich in ihren zwischenmenschlichen, sozialen
Kompetenzen zu verbessern. Auch hier wird mehr Wert darauf gelegt, dass die Menschen
ihre Fähigkeiten erkennen, einschätzen lernen und weiter ausbauen wollen. Lernen und
sich stets zu verbessern wird zum Ansporn im Unternehmen und unter den Mitarbeitern.
    So hat ein Unternehmen in Düsseldorf sogar „Fanatic Learning" als einen seiner Kern-
werte herausgearbeitet und ermöglicht es den Mitarbeitern, sich ganz bewusst stetig
weiterzuentwickeln. Natürlich muss betont werden, dass Lernen in manchen Kontexten
nicht nur auf Freiwilligkeit basiert und von Unternehmensseite erwartet sowie ein-
gefordert wird. Im Sinne von New Work sollte hier die Balance zwischen Ermöglichung
und persönlicher Entscheidung der Mitarbeiter angestrebt werden. Ansonsten ist das Lernen schnell keine „Sinn-Entscheidung" mehr, sondern eine „erzwungene Notwendigkeit".

▶   New Work fordert transparente Kommunikation so weit wie möglich – ist also
    „as transparent as possible".

New Work schafft mehr transparente Kommunikation und setzt das Miteinander in den
Mittelpunkt. Das bedeutet nicht, dass alle sensiblen Daten und Informationen geteilt
werden, was weder sinnvoll noch besonders klug wäre. Dennoch versuchen Gründer und
Geschäftsführer in New-Work-Unternehmen, so offen wie möglich über Anforderungen,
Möglichkeiten und Chancen zu sprechen – und aufgrund von flachen Hierarchien über
mehrere Ebenen hinweg. Bisher sind Ziele und Marktveränderungen häufig noch hinter
verschlossenen Türen im oberen Management diskutiert und erst nach Festlegung oder
wenn die Folgen nicht mehr geheim zu halten waren mit der Belegschaft geteilt worden.
    So standen die Geschäftsführer eines Hamburger IT-Unternehmens ihrer gesamten
Belegschaft Rede und Antwort, unmittelbar nachdem sie eine Millionenfinanzierung
erhalten hatten. Bevorstehende Veränderungen, neue Anforderungen, aber vor allem
Befürchtungen der Mitarbeiter konnten direkt adressiert und besprochen werden.

▶   New Work richtet sich an den Werten und dem Zweck in der Arbeit aus – ist
    also „value driven".

Prozesse und Programme dienen im New Work der Unterstützung, werden zu rahmen-
gebenden Faktoren und richten sich folglich nach dem Sinn und Zweck der Arbeit
aus – sind aber nie das Ziel. Es geht nicht darum, eine aktuell im Trend liegende Arbeitsweise zu übernehmen, um en vogue zu bleiben, sondern darum zu testen, ob dadurch die
Arbeit tatsächlich sinnvoll unterstützt wird. So wird beispielsweise ein Chat-Programm
eingeführt, damit Mitarbeiter flexibler arbeiten können und Teammitglieder, die z. B. im
Homeoffice oder in einer anderen Zeitzone arbeiten, nicht benachteiligt werden.

▶   New Work bedeutet, stets zu lernen und sein Wissen zu teilen – ist also „about
        learning and sharing".

Sich im Unternehmen sowohl horizontal als auch vertikal entwickeln zu können, eröffnet
Mitarbeitern ganz neue Möglichkeiten, sinnhaftes Arbeiten tatsächlich zu gestalten und
zu entwickeln. Silodenken (= Wir behalten unser Wissen für uns und teilen es nicht
mit anderen Abteilungen im Unternehmen) wird im New Work stark abgebaut und
der Sharing-Gedanke (= Wir teilen unser Wissen mit anderen, da diese bestimmt auch
davon profitieren können) fokussiert. Dahinter steht die Überzeugung, dass, wenn wir
voneinander lernen und unser Wissen teilen, am Ende alle bessere arbeiten können und
gemeinsam mehr schaffen – selbst über die Unternehmensgrenzen hinweg.

So zeigt uns die Google-Studie Oxygen besonders gut, wie wichtig es ist, sein Wissen
nicht nur auszubauen, sondern auch weiterzugeben. Es wird deutlich, dass Erfolg eben
auch sehr stark davon abhängt, wie sehr das unternehmensinterne Wissen geteilt und
weitergegeben wird.

Wissen zu teilen, anderen Lernen zu ermöglichen und Wachstum zu fördern, bedeutet
immer auch das Abgeben von Macht. Denn wer sein Wissen nicht mehr für sich alleine
hat, ist nicht mehr unersetzlich. In New-Work-Kontexten wird hier vom sogenannten
„Bus Faktor" gesprochen: Was passiert, wenn Person X morgen Früh vom Bus über-
fahren wird? Wenn das Unternehmen dadurch ein Problem bekommt, ist das Wissen offenkundig nicht ausreichend geteilt worden. Und denkt man den „learning and
sharing"-Gedanken noch weiter, entstehen für die Menschen mit einer sehr besonderen
oder spezifischen Kompetenz ganz neue Möglichkeiten und Herausforderungen – nämlich andere weiterzubilden und zu lehren. Es geht dabei darum, das eigene Wissen zu
festigen, indem gelernt wird, es zu teilen. Neue strategische Aufgaben können nur
angenommen werden, weil andere Menschen in der Lage sind, Teile der eigenen Arbeit
zu übernehmen.

Crossfunktionale Teams (= Teams mit Personen unterschiedlicher Expertise) sind ein
weiteres gutes Beispiel dafür, wie in New-Work-Kontexten mit Wissen und Expertise
umgegangen wird. Gemeinsam wird das Wissen der verschiedenen Fachbereiche genutzt
und im Arbeitsalltag miteinander geteilt. Auf diese Weise entstehen neue Möglichkeiten
der Zusammenarbeit, weit über die Grenzen der eigenen Expertise hinaus. So zeigt das
CrossMentoring NRW einen interessanten Ansatz, bei dem unternehmensübergreifend
Potenzialträger von erfahrenen Mentoren wiederum aus einem anderen Unternehmen
begleitet werden. Das Programm fokussiert vor allem auf Frauen in den MINT-Berufen
(Maschinenbau, Ingenieurwesen, Naturwissenschaften und Technik).

▶   New Work ist sinnstiftende Arbeit – also immer „purpose-driven work".

Zusammengefasst kann New Work im aktuellen Kontext als sinnstiftende Arbeit
bezeichnet werden. Der Fokus liegt darauf, Arbeit auszuführen, die den Einzelnen
persönlich zufriedenstellt, bei der er sich weiterentwickeln kann und die flexibel an den

eigenen Bedürfnissen ausgerichtet gestaltet werden kann. Auf diese Weise kann eine Balance entstehen zwischen den beiden Polen, die Anforderungen an die eigene Person als Ansporn zur stetigen Verbesserung zu sehen, aber ohne dem Druck ausgesetzt zu sein, die eigene Freiheit für Erfolg, persönliche Anerkennung oder Integration aufgeben zu müssen. Individuelle Bedürfnisse, Wünsche und die Freiheit der Sinnsuche bestmöglich mit den Anforderungen und Herausforderungen der Arbeitswelt zu vereinbaren, ist also die Basis von New Work.

Dabei haben bestimmte Methoden, Formate, Prozesse und weitere Formen der Begleitung und Ermöglichung von neuer Arbeit einen großen Stellenwert erhalten. Sie sind zum festen Bestandteil von New Work geworden und werden zur Unterstützung von moderner Arbeit zunehmend hinzugezogen. Immer mehr Unternehmen nutzen agile Methoden und Frameworks, innovative Methoden und kreative Vorgehensweisen, um das Potenzial des arbeitenden Menschen weiterzuentwickeln. An diesem Punkt setzen die New Work Hacks an, die ihren Fokus auf der Interaktion und dem Miteinander haben. Sie unterstützen Arbeitsprozesse, Kommunikation und Zusammenarbeit und können diese auf ein neues Level heben. Im Mittelpunkt bleiben dabei immer der Mensch und die Verbesserung der gemeinsamen, sinnhaften Arbeit.

„New Work im Minirock" – Was New Work eben nicht ist

Häufig liest und hört man von Unternehmen, dass diese nun im Sinne von New Work arbeiten und agile Unternehmen sind. Schaut man dann jedoch genauer hin, stellt sich heraus, dass sie einzelne, losgelöste Maßnahmen aufgesetzt haben, die weder Impact haben, noch die Kultur von New Work leben. Frithjof Bergmann beschreibt dieses Phänomen als „New Work im Minirock" und meint damit, dass Unternehmen die Arbeit etwas aufhübschen, um sie reizvoller zu machen (Hornung 2018). Beschäftigt man sich allerdings tiefer mit der Thematik von New Work, geht es jedoch vielmehr darum, in kleinen Schritten eine grundsätzlich veränderte Denkweise anzuregen und das Arbeiten menschlicher zu gestalten. Es geht darum, dass Menschen bei ihrer Arbeit untereinander wieder in gehaltvolle Interaktion treten und ihren Sinn in ihrer Tätigkeit kontinuierlich suchen. Das darf natürlich Spaß machen und reizvoll sein, soll aber auch darüber hinausgehen und erfordert eine echte Auseinandersetzung mit der Arbeit und den Menschen beim Arbeiten (Bergmann o. J.).

Nachfolgend sind einige Klassiker aufgelistet, die ein Unternehmen nicht über Nacht zu einem New-Work-Unternehmen machen, insbesondere auch dann nicht, wenn sie als Einzelaktion ohne das „why" dahinter durchgeführt werden, während der Rest unverändert bleibt.

Kickertisch Das wohl meistgenutzte Beispiel! Irgendwo einen Kickertisch aufzustellen, wird wohl wenig in Bezug auf neues Arbeiten verändern. Es braucht schon eine gelebte Kultur des Miteinanders, in der auch ein Kickertisch zur Ausgangslage von

Teambuilding, spannenden Gesprächen und weiterführenden Impulsen werden kann. Hier geht es darum, dass der Kickertisch oder auch eine Coffee Area Anlaufpunkte im Unternehmen werden, wo Menschen sich austauschen und in aktive Interaktion treten. Nur so kann eine Suche nach dem wirklich wirklich Wollen und die Auseinandersetzung damit ausgelöst werden.

Kostenloses Obst Irgendwo Bio-Obst hinzustellen, macht ein Unternehmen noch lange nicht zu einem New-Work-Unternehmen. Der Ansatz kann nobel sein, das Obst alleine verändert jedoch erst einmal nichts. Erst wenn die Unternehmenskultur die Gesundheit der Mitarbeiter in den Mittelpunkt stellt, bekommt das Obst eine Verbindung zu New Work und deren gelebter Kultur. Auch hier geht es darum aufzuzeigen, dass der arbeitende Mensch geschätzt und in seinen Bedürfnissen unterstützt wird.

Yoga Durch eine Yogastunde pro Woche werden vielleicht die Teilnehmenden flexibler, aber das Unternehmen noch lange nicht. Auch das ist und kann ein löblicher Anfang sein – mehr aber auch nicht. Sobald Angebote zum Ausgleich der Arbeit zu einem gelebten Teil einer Unternehmenskultur werden, in der ganzheitlich die Balance der Mitarbeiter unterstützt wird und damit einen „Sinn" erhalten, kann man wohl von New Work sprechen. Auch hier sollte es vielmehr darum gehen, dass das Bewusstsein für Ausgleich geschaffen wird und Mitarbeiter dadurch angeregt werden, neue Ideen zu entwickeln.

Remote-Arbeiten Nur weil Mitarbeiter von irgendwo aus arbeiten, bedeutet das nicht, dass das Unternehmen jetzt New Work lebt. Es kann zu einem Teilaspekt werden, wenn die Freiheit des ortsunabhängigen Arbeitens Hand in Hand mit dem Fokus auf guter Kommunikation, dem miteinander Lernen und einem erfolgreichen Austausch liegt. Wenn der Mensch im Mittelpunkt der Arbeit stehen soll, dann geht es hier darum, die bestmöglichen Bedingungen zu schaffen, damit Arbeit und Kommunikation untereinander erfolgen können.

Keine Führung mehr New Work bedeutet nicht, dass es plötzlich keine Führung mehr gibt – damit alle im Chaos arbeiten können, um kreativ zu sein. Es geht vielmehr darum, die Menschen um sich herum zu „enablen", also sie dazu zu befähigen und es ihnen zu ermöglichen, ihre Arbeit so gut wie möglich auszuführen. Dies ist die Aufgabe von Führungskräften genauso wie von Kollegen. Jemanden hilflos sich selbst zu überlassen, obwohl er Unterstützung braucht, ist damit das komplette Gegenteil von gelebten New-Work-Werten. Flache Hierarchien können ein Anfang sein, sind aber auch darauf auszurichten, was die Menschen, die hier betroffen sind, können und brauchen, um ihre Arbeit sinnerfüllt auszuführen.

Arbeitstitel ändern Nur weil niemand mehr den Titel „Manager" trägt, hat sich erst einmal nichts bewegt. Erst wenn mit der Veränderung der Titel auch eine Veränderung in der Art der Führung und Rolle erfolgt, kann es zu einem Hinbewegen in Richtung

New Work kommen. Gerade dieser Kulturwandel im Unternehmen braucht jedoch Zeit, großes Wissen und gute Vorbilder. Wenn alle weiter managen, anstatt zu führen, wird das nicht funktionieren.

Zusammenfassend können wir festhalten, dass New Work nicht das exemplarische Aufzeigen und Initiieren von einzelnen, losgelösten Maßnahmen ist. Es ist auch nicht nur das Verschönern von Arbeit und die Etablierung einer Spaßgesellschaft (Bergmann und Friedland 2007, S. 15). Maßnahmen sollten initiiert werden, weil sie den Menschen in ihrer Tätigkeit darin unterstützen herauszufinden, was sie wirklich wirklich wollen; und die Arbeit sollte Spaß machen, weil die Menschen Leidenschaft in ihrer Tätigkeit empfinden. New Work fordert das Miteinander beim Arbeiten, indem die Vermenschlichung und gemeinschaftliche Interaktion gefördert wird. Erst das ganzheitliche Angehen einer Veränderung, die auf kultureller Ebene im Unternehmen stattfindet und mit unterschiedlichen und für das Unternehmen passenden Maßnahmen unterstützt wird, lässt New Work als eine Bewegung im Unternehmen lebendig werden, da wir jetzt in einer Zeit leben, die alle Kapazitäten besitzt, um Arbeit neu zu denken und zu gestalten.

Literatur

Bergmann F (2017) Neue Arbeit, Neue Kultur. Arbor, Freiburg i. Br.

Bergmann F (o. J.) New Work, New Culture. Die kürzest mögliche Zusammenfassung der Neuen Arbeit. New Work Global. http://newwork.global/. Zugegriffen: 13. Mai 2019

Bergmann F, Friedland S (2007) Neue Arbeit kompakt: Vision einer selbstbestimmten Gesellschaft. Arbor, Freiburg i. Br.

Hornung S (2018) Interview zu New Work Frithjof Bergmann: „Ich ärgere mich sehr, sehr tüchtig". Haufe Personalmagazin. https://www.haufe.de/personal/hr-management/frithjof-bergmann-uebt-kritik-an-akteuller-new-work-debatte_80_467516.html. Zugegriffen: 13. Mai 2019

t3n Magazin. (07.03.2019). Porträt. New-Work-Urvater Frithjof Bergmann: Der alte Mann und das Mehr. t3n Magazin: 55. https://t3n.de/magazin/new-work-urvater-frithjof-bergmann-alte-mann-mehr-247621/. Zugegriffen: 13. Mai 2019

Fokus und Mehrwert der New Work Hacks

Wenn Hacks Tipps und Trick sind, was sind dann New Work Hacks? New Work Hacks sind einzelne Kniffe, die das Miteinander und die Arbeitssituation insgesamt verbessern können. Es sind Kniffe, die das Arbeiten nicht nur moderner und innovativer werden lassen, sondern auch den Menschen noch mehr in den Mittelpunkt der Arbeit rücken, um sinnhaftes Arbeiten bestmöglich zu unterstützen.

Die New Work Hacks haben alle einen gemeinsamen Fokus, welcher sie in ihrem Mehrwert vereint: Dass Arbeiten tatsächlich mehr Sinn erhält, dass Menschen zufriedener sind und dass sogar bessere Ergebnisse erzielt werden können. Damit fokussieren die New Work Hacks auf die Bedeutung und das Ermöglichen von

- mehr Transparenz und Offenheit, basierend auf Vertrauen,
- gelingender Kommunikation untereinander,
- verantwortungsvoller Autonomie des Einzelnen,
- bewusst gewähltem (Arbeits-)Fokus,
- Lernen und Wissen zur Weiterentwicklung,
- authentischer und ehrlicher Interaktion miteinander,
- Mehrwert stiftenden Innovationen und Verbesserungen und
- unterstützenden Strukturen und Prozessen für sinnhaftes Arbeiten.

New Work Hacks können demnach überall dort eingesetzt werden, wo sich nicht dem Selbstzweck dienen, sondern einen spürbaren Mehrwert bringen können. Mut, Kraft und Ausdauer sind beim Implementieren von großer Wichtigkeit. Viele Veränderungen, auch diejenigen, die tatsächlich einen Mehrwert bringen, werden häufig erst einmal kritisch begutachtet, bevor man sich auf das Ausprobieren von etwas Neuem einlässt. Es empfiehlt sich, bewusst die Mitarbeiter in den Prozess einzubinden, die anschließend die

© Springer Fachmedien Wiesbaden GmbH, ein Teil von Springer Nature 2019   17
N. Schnell und A. Schnell, *New Work Hacks,*
https://doi.org/10.1007/978-3-658-27299-9_3

New Work Hacks in ihrer alltäglichen Arbeit weiterführen werden. Das unternehmens-interne Wissen und die Erfahrungen der Mitarbeiter sind Voraussetzung für ein gutes Gelingen, da die Menschen ihren Arbeitsbereich am besten kennen. Gleichzeitig werden ihnen so Wertschätzung und Vertrauen entgegengebracht, was deren Motivation nach-haltig erhöht.

Basierend auf dem vorangegangenen Kapitel, in dem New Work als ein Konzept für sinnstiftende und erfüllende Arbeit beschrieben wird, beschäftigen wir uns in diesem Kapitel damit, welchen Mehrwert die New Work Hacks dabei leisten.

Wie die New Work Hacks aufgebaut sind

Die New Work Hacks dienen den Menschen, nicht dem System: Durch einfache Kniffe und Tricks soll Lernen selbstverständlich gefördert und Wissens-sowie Erfahrungs-austausch ermöglicht werden. Es geht hier um die Menschen, die täglich miteinander arbeiten und kommunizieren, die sich gegenseitig austauschen, ihr Wissen teilen wol-len und aktiv ihre Arbeitsumwelt gestalten. Es geht darum, durch die New Work Hacks Zusammenarbeit stetig zu verbessern und menschliche Arbeit in Zeiten von Auto-matisierung nicht abzutun, sondern im Gegenteil zu fördern und wertzuschätzen.

Alle New Work Hacks sind dabei gleich aufgebaut. Eine übersichtliche und leicht zugängliche Systematisierung soll dir als Leser dabei helfen, besser herauszufinden, wel-cher Hack im eigenen Unternehmen eingebunden und ausprobiert werden kann. Dabei werden die Hacks in der Zielgruppe, im Aufwand und im Schwierigkeitsgrad unter-schieden.

Legende zur Systematisierung

● = geringe/r Schwierigkeit / Aufwand

●● = mittlere/r Schwierigkeit / Aufwand

●●● = hohe/r Schwierigkeit / Aufwand

∩ = für Individuen / Einzelperson geeignet

ᴍ = für Gruppen / Teams geeignet

ᴍᴍᴍ = für Unternehmensweiten Einsatz / Großgruppen geeignet

Aufbau der New Work Hacks

Alle 50 New Work Hacks folgen demselben Aufbau und sollen eine schnelle Orientierung bieten.

Titel – Der Titel benennt den jeweiligen New Work Hack. Es kann vorkommen, dass du denselben oder ähnlichen Hack unter einem anderen Namen kennst.

Abstract – Der New Work Hack in einem Satz, also in a nutshell auf den Punkt gebracht.

Warum wichtig – Der Nutzen und Sinn des New Work Hacks kondensiert dargestellt.

Beschreibung – Die allgemeine Beschreibung der einzelnen New Work Hacks. Hier zeigen wir den Hintergrund und das dahinterliegende Verständnis des Hacks auf.

Tipps zum Implementieren – Die Tipps zum Implementieren sollen dabei unterstützen, direkt wichtige Schritte oder Fragestellungen besprechen und mitdenken zu können.

Beispiel – In einem konkreten Beispiel zeigen wir, wie der New Work Hack in der praktischen Ausübung oder beim Implementieren eingebunden werden kann.

Mögliche Herausforderungen – Hier werden Tipps gegeben, die einen Wissensvorsprung ermöglichen sollen, um bestimmte Fehler ggf. zu vermeiden und über Schwierigkeiten besser reflektieren zu können.

Wie man die New Work Hacks lesen kann

Es gibt unterschiedliche Fragestellungen, mit denen die 50 New Work Hacks im nächsten Kapitel gelesen werden können. Je nach Wunsch des Lesers wie Inspiration, Tipps für Implementierungen oder Verbesserungen im Unternehmen kann eine spezifische Sichtweise eingenommen werden. Dabei können eigene Fragestellungen beim Lesen helfen herauszufinden, welche New Work Hacks den meisten Mehrwert bringen oder am dringendsten benötigt werden. Eine Anregung für eigene Fragestellungen und der damit einhergehenden Lesart können folgende Fragen liefern:

- Welchen Mehrwert kann welcher New Work Hack für mich, meine Arbeit, mein Team und Unternehmen bringen?
- Wie können die Hacks helfen, in unserem Umfeld sinnstiftende Arbeit zu unterstützen?
- Was fehlt uns im Unternehmen, um unser Potenzial noch besser nutzen zu können?

- Was brauchen wir konkret, um das Miteinander noch erfüllender und erfolgreicher gestalten zu können?
- Was kann uns helfen, flexibler zu werden und passender auf die Anforderungen an das Unternehmen zu reagieren?
- Wie wird bei uns Wissen weitergegeben, und tun wir bereits genug dafür, damit die Mitarbeiter des Unternehmens voneinander und miteinander lernen?
- Wie verhindern wir, dass wichtige Mitarbeiter das Unternehmen verlassen?
- Was kann uns helfen, den stattfindenden Umbruch im Unternehmen noch besser zu meistern?
- Wie können wir die Erfahrungen unserer langjährigen Mitarbeiter noch besser weitergeben?

Ein letzter Tipp, bevor es mit den New Work Hacks losgeht: Ideen, die beim Lesen kommen, Impulse, die entstehen, und Beispiele, die ins Bewusstsein kommen, können wichtige Indikatoren für mögliche Anwendungsfelder und Handlungsoptionen sein und auch darüber hinaus neue Anwendungen ermöglichen. Das Aufschreiben und damit Festhalten von Impulsen, bevor der Gedanke in Vergessenheit gerät, ist dringend zu empfehlen. Ob im Buch, auf einem beiliegenden Blatt Papier oder direkt online in der Cloud: Die eigenen Gedanken, die beim Lesen entstehen, sind Ausgangslage konkreter Veränderungen, Vorschläge und Aktionen im eigenen Umfeld. Durch das Festhalten dieser Gedanken erhöht sich die Chance, Gedankenblitze und Impulse auch noch nach mehreren Tagen nachzuvollziehen, teilen zu können und nutzbar zu machen. Viel Erfolg dabei.

Alle 50 New Work Hacks

Hier findest du nun die 50 New Work Hacks in alphabetischer Reihenfolge zum Einlesen und Erarbeiten.

All Hands Meetings

Schwierigkeit	Aufwand	Zielgruppe
● ●	● ● ●	° °° °°° ° ⵜⵜⵜⵜⵜ

▶ Im All Hands Meeting sind alle Mitarbeiter anwesend und es werden wichtige Inhalte geteilt.

Warum wichtig – Nutzen und Impact
In All Hands Meetings können Neuigkeiten, wichtige Entscheidungen und das Vorstellen von wichtigen Themen an alle Mitarbeiter weitergegeben werden. Ein All Hands Meeting schafft vor allem Transparenz, erhöht das Gemeinschaftsgefühl und stärkt das Vertrauen ins Management. Zudem können direkte Nachfragen gestellt und offene Fragen geklärt werden.

© Springer Fachmedien Wiesbaden GmbH, ein Teil von Springer Nature 2019
N. Schnell und A. Schnell, *New Work Hacks*,
https://doi.org/10.1007/978-3-658-27299-9_4

Beschreibung

Ein All Hands Meeting ist in der Regel gut vorbereitet und strukturiert, da es das teuerste unternehmensinterne Meeting ist. Zeit ist kostbar und sollte dementsprechend gut genutzt werden. Daher ist es immer eine Entscheidung der Geschäftsführung, ob ihr der Mehrwert von Transparenz, Vertrauensbildung und dem Stärken des Gemeinschaftsgefühls die Extrakosten wert ist. In der Regel sind All Hands Meetings so aufgebaut, das es eine Einleitung, einzelne Themenblöcke sowie News und Notes gibt. Je nach Aufgabenverteilung liegt die inhaltliche Entscheidung hierüber bei der Geschäftsführung. In New-Work-Kontexten haben die All Hands Meetings häufig zum Unternehmen passende Eigennamen. So wird das All Hands Meeting bei dem Hamburger IT-Unternehmen Jimdo beispielsweise „Teamverlötung" genannt. Je nach Größe des Unternehmens bietet es sich an, die Struktur und Inhalte auf ihre Relevanz zu prüfen, sodass nur für das ganze Unternehmen relevante Themen adressiert werden. In manchen Fällen bietet es sich an, einen Livestream für Mitarbeiter einzurichten, die in der Zeit im Homeoffice arbeiten oder anderweitig unterwegs sind. Gleichzeitig kann auf diese Weise das All Hands Meeting als Video gespeichert und archiviert werden, sodass Mitarbeiter, die im Urlaub oder krank waren, im Nachhinein die Inhalte anschauen können. Grundsätzlich ist festzuhalten, dass der Sinn des Meetings darin besteht, Anwesenheit gemeinsam zu erleben und produktiv zu nutzen.

Tipps zum Implementieren

Um den Mitarbeitern ein Meeting zu ermöglichen mit dem größtmöglichen Mehrwert, ist es wichtig, sich über die Zielsetzung und Rahmenbedingungen im Vorhinein bewusst zu werden. Diese sollten auch den Mitarbeitern gegenüber transparent gemacht werden, damit die Erwartungshaltung zur Zielsetzung des Meetings passt. Für einen flüssigen Ablauf ist empfehlenswert, einen Moderator durch das Meeting führen zu lassen und so den Rahmen und den Prozess flüssig und professionell zu gestalten. Zur Prüfung der Relevanz in der Vorbereitung der einzelnen Themen kann gefragt werden, welchen Mehrwert und welche Schlüsselinformation von den Mitarbeitern des Unternehmens nach dem Vortrag mitgenommen werden soll.

Beispiel

Ein Unternehmen, das in den vergangenen Jahren von 50 auf 150 Mitarbeiter angewachsen ist, sieht sich spannenden, neuen Herausforderungen ausgesetzt. Die Geschäftsführung bekommt dabei immer wieder zu hören, das über neue Entscheidungen und wichtige Informationen nicht ausreichend berichtet wird. Gleichzeitig werden spannende Projekte und Errungenschaften bisher nur im gemeinsamen Chat geteilt, wo viele Inhalte jedoch schnell untergehen. Entgegen ihrer ursprünglichen Meinung entscheiden sich die beiden Geschäftsführerinnen dazu, ein All

Hands Meeting zu testen und dessen Impact zu prüfen. Mit ihrem Organisationsentwickler Arne beraten sie, welche Themen grundsätzlich eingebunden werden sollten und welche weiteren Optionen für das All Hands Meeting zur Verfügung stehen. Die Entscheidung über den grundsätzlichen Aufbau und die Durchführung fällt wie folgt aus:

- Arne und nicht die Geschäftsführerinnen führen durch das Meeting. Es würde sie zu viel Zeit kosten und Arne ist ein hervorragender Moderator.
- Arne eröffnet das Meeting und stellt die Agenda des Tages kurz vor.
- Zuerst werden Neuigkeiten von den Geschäftsführerinnen und anderen Schlüsselrollen geteilt,
- anschließend die Zahlen und Statistiken der Woche aufgezeigt und der Fortschritt von Projekten in Kürze vorgestellt,
- dann die Herausforderung für die nächsten Wochen aufgezeigt.
- Pro Meeting soll jeweils ein spannendes Projekt, welches in Entwicklung ist, von dem involvierten Team präsentiert werden.
- Abschließend gibt es kleinere News und gegebenenfalls von einzelnen Mitarbeitern kurze Infos (=Ankündigungen, Aufruf zur Beteiligung und Weiteres).

Das All Hands Meeting, so wird besprochen, soll nicht länger als 40 min dauern und alle zwei Wochen stattfinden. Nach jedem Meeting soll direkt digital Feedback eingeholt werden, und nach zwei Monaten wird über den Mehrwert und die potenzielle Weiterführung des All Hands Meetings reflektiert und über dessen Zukunft entschieden werden.

Mögliche Herausforderungen
Schlechte, zu lange und für die Mehrheit nicht interessante Präsentationen können die Qualität des Meetings stark verschlechtern und den Mehrwert minimieren. Es ist wichtig, dem entgegenzuwirken, indem die Inhalte vorher geprüft und gegebenenfalls die Präsentation in kurzen Speaker Coachings geübt und verbessert wird. Um der Herausforderung eines zu großen Organisationsaufwands entgegenzuwirken, ist empfehlenswert, eine für alle Speaker zugängliche Präsentationsvorlage freizugeben. In diese fügen Speaker ihre Inhalte selbstständig ein. Gleichzeitig dient sie den Vortragenden zur kritischen Prüfung und Kondensierung ihre eigenen Inhalte. Es macht gegebenenfalls Sinn, die Länge der einzelnen Vorträge zeitlich zu begrenzen, da Experten dazu neigen, ihr Thema zu ausführlich vorzustellen. Die Herausforderung liegt jedoch darin, das Thema knackig und visuell ansprechend in Kürze auf den Punkt zu bringen.

Ask Me Anything

Schwierigkeit	Aufwand	Zielgruppe
● ●	● ● ●	⁰ ⁰⁰⁰ ⁰⁰⁰ ᘉᘉᘉᘉᘉ

▶ Im Ask Me Anything können Mitarbeiter ihre wichtigsten Fragen an Gründer und Geschäftsführer adressieren.

Warum wichtig – Nutzen und Impact

Im Format Ask Me Anything (=AMA) können die Fragen der Mitarbeiter adressiert und für alle im Unternehmen transparent beantwortet werden. Dadurch können fehlende Informationen nachgereicht, Vertrauen gestärkt und Transparenz erhöht werden. Zudem erhalten das Gründungsteam oder die Geschäftsführung ein Stimmungsbild der wichtigsten Fragen der Mitarbeiter.

Beschreibung

Das Format AMA geht auf die Adaption des Internetforums Reddit, basierend auf einem Buch von Marty Klein aus den 1990er Jahren, zurück. Unternehmen können heutzutage auf zwei Arten das AMA als unternehmensinternes Format durchführen.

In der einen Variante werden relevante Fragen zentral für eine konkrete Führungsperson (meistens CEO, Founder, GM o. Ä.) gebündelt gesammelt und in einem offenen Meeting durch einen erfahrenen Moderator der Führungskraft gestellt und moderiert. Fragen können im Vorhinein gesammelt, während der Veranstaltung spontan gestellt werden oder aus einem Mix aus beidem bestehen. Die Fragen beziehen sich entweder auf ein konkretes Feld (z. B. bzgl. der neuen Unternehmensstrategie) oder können allgemein gehalten werden. Es bietet es sich an, das Meeting aufzuzeichnen, um abwesenden Mitarbeitern die Inhalte zur Verfügung zu stellen. Zudem kann das Video als Reflexionsgrundlage zur Weiterentwicklung der Führungskraft nach dem Format genutzt werden, z. B. um konkretere Antworten beim nächsten AMA geben zu können.

In der anderen Variante des Formats AMA, die z. B. bei IT-Unternehmen wie Shopify durchgeführt wird, liegt der Fokus auf der Beantwortungen der Fragen, die die Mitarbeiter am wichtigsten einschätzen. Für einen AMA-Termin wird ein digitales Programm freigeschaltet, in dem Mitarbeiter anonym ihre Fragen posten und die gesammelten Fragen nach oben oder unten ranken können. Auf diese Weise kristallisieren sich die Fragen heraus, die für die Mehrheit im Unternehmen von Relevanz sind. Am Ende der Votingzeit werden die Fragen in der Wichtigkeit absteigend von 1 bis x von einem Moderator der Geschäftsführung gestellt und es wird ggf. bei ausweichender

Antwort kritisch nachgehakt, damit die Frage auch wirklich beantwortet wird. Es werden in der zur Verfügung stehenden Zeit so viele Fragen beantwortet wie möglich. Durch das Beginnen mit der am höchsten gerankten Frage wird sichergestellt, dass die relevantesten Fragen auf jeden Fall adressiert werden. AMA wird meistens mit der Geschäftsführung durchgeführt, kann jedoch auch in einzelnen Teilbereichen des Unternehmens angewendet werden.

Tipps zum Implementieren

Es bedarf einer guten Erklärung des Formates, damit Mitarbeiter konkret wissen, wie die Vorbereitungen sowie das eigentliche AMA verlaufen. Hohe Transparenz und eine verantwortliche Person für den Prozess als Anlaufstelle für offene Fragen sind zu empfehlen. Dabei sollte es sich um einen erfahrenen Moderator handeln, um den Balanceakt zwischen Nachhaken und Challengen sowie Empathie gegenüber der befragten Person gut meistern zu können. Bei bereits vorher gesammelten Fragen bietet es sich an, sich darauf vorzubereiten. Bei der Variante mit dem Hoch- und Runterranken der Fragen braucht es ggf. ein Korrektiv, falls diskriminierende, obszöne oder schlichtweg unangebrachte Fragen eingebracht werden und fleißig nach oben gerankt werden. Unangenehme und schwierige Fragen hingegen sollten definitiv bestehen bleiben und als Herausforderung sowie zur Schaffung von Transparenz angesehen werden. Es kann relevant sein, die wichtigsten Ergebnisse und ggf. neue Entscheidungen schriftlich festzuhalten und transparent zu machen, wenn durch Fragen während der AMA neue Entscheidungen getroffen oder bekannt gegeben werden. So gehen diese nicht unter und können im Nachhinein aktiv vorangetrieben werden.

Beispiel

Ein schnell wachsendes und erfolgreich gewordenes Start-up hat, nachdem es innerhalb von drei Jahren auf 200 Mitarbeiter angewachsen ist und über fünf Millionen Kunden bekommen konnte, Venture Capital in Höhe von 15 Mio. EUR aufgenommen. Nach der ersten Freude der Mitarbeiter entstehen auch Misstöne und Spannungen, da niemand weiß, wie es nun weitergeht und was sich alles ändern wird. Die zwei Gründer Britt und Lisa bekommen mit, dass Unsicherheit bei den Mitarbeitern herrscht. Sie entscheiden sich zu einer AMA. Damit wollen Britt und Lisa sichergehen, dass sie keine Themen in einem Vortrag vorbereiten, die irrelevant für die Mitarbeiter sind. Vielmehr wollen sie genau die Fragen erhalten, die für Klarheit und Transparenz sorgen können. Zusammen mit einem Moderator aus dem Unternehmen bereiten sie die Einladung zum Event vor, lassen Entwickler ein simples und funktionierendes Programm entwickeln und geben die Informationen zum Format sowie die Einladung zur Fragestellung weiter. Nach einer Woche sind 55 Fragen eingegangen und es haben sich deutliche Favoriten im Ranking der Mitarbeiter ergeben. In der AMA selbst werden die Fragen Stück für Stück beantwortet. Bei manchen Antworten hakt der Moderator kritisch nach, wenn er das Gefühl hat, dass die Frage nicht ausreichend beantwortet wurde. Britt und Lisa versuchen, alle Fragen so gut es geht zu beantworten. Am Ende des Formats sind die wichtigsten 20 Fragen beantwortet worden. Das anschließende Feedback der Mitarbeiter zum Format fällt sehr positiv, aus und die beiden Gründerinnen entscheiden sich, das Format regelmäßig anzubieten und Unsicherheiten in Zukunft gar nicht erst so bedeutend werden zu lassen.

Mögliche Herausforderungen

Es werden selten alle Fragen beantwortet, insofern kann immer Unmut darüber entstehen, dass bestimmte Fragen nicht beantwortet wurden. Entgegenwirken kann man durch das Voting der Fragen, da die Relevanz und Reihenfolge von den Mitarbeitern selbst festgelegt werden. Unerfahrene Moderatoren könnten es versäumen, gezielt nachzufragen und somit aus den Antworten mehr herauszuholen. Hierfür wird eine gewisse Souveränität benötigt, seinen eigenen Vorgesetzten kritische Nachfragen vor der versammelten Mitarbeiterschaft zu stellen. Es bietet sich an, eine Person als Moderator zu nehmen, die im Unternehmen anerkannt ist, für Perspektivenvielfalt sorgen kann und grundsätzlich Allparteilich besitzt. Auf diese Weise sind Mitarbeiter sowie befragte Personen mit der Wahl des Moderators zufrieden. Die Bereitschaft der Befragten, auch unangenehme Fragen zu beantworten und bei schwierigen Themen nicht auszuweichen, ist herausfordernd und benötigt Stärke. Wenn das gelingt, können sich daraus großes Vertrauen, Anerkennung und Respekt entwickeln. Wenn jedoch zurückhaltend, unehrlich wirkend und wenig transparent geantwortet wird, kann auch das Gegenteil eintreten. Das sollten sich Befragte vor der Beantwortung deutlich vor Augen führen.

Chat

Schwierigkeit	Aufwand	Zielgruppe
●	●	⚇ᵐ + ᵐᵐᵐᵐ

▶   Chat-Programme bieten sich an, um gleichzeitig in Echtzeit und zeitlich versetzt kollaborativ und transparent erfolgreich zusammenzuarbeiten.

Warum wichtig – Nutzen und Impact

Kommunikation funktioniert heute allgemein sehr schnell. E-Mails können bei dieser Geschwindigkeit nicht mehr mithalten. Ihnen fehlen die Transparenz, die Integrationen von weiteren Programmen und die Übersicht. Ein Chat beschleunigt das Teamwork und steigert grundsätzlich die Team Performance, weil sie in Echtzeit stattfindet.

Beschreibung

Chat-Programme für Arbeitskontexte funktionieren ähnlich wie WhatsApp, Facebook Messenger, WeChat und andere Chat-Dienste. Dabei gehen sie jedoch in ihren Möglichkeiten weit über simple Messengerdienste, in denen man schreiben und Fotos sowie Emojis schicken kann, hinaus. Diverse Applikationen und Verknüpfungen mit Drittprogrammen ermöglichen es, mit einem Chat-Programm multidimensional zu arbeiten. Vorteile gegenüber herkömmlichen Möglichkeiten wie E-Mails sind, dass Chat-Programme interaktiv aufgebaut sind, Antworten auf und Bewerten von Nachrichten werden problemlos möglich und lassen die veraltete Einwegkommunikation hinter sich. Das Einbinden von Anhängen und gemeinsames Bearbeiten ermöglichen virtuellen Teams Interaktion in Echtzeit und ohne nennenswerten Reibungsverlust. Digitale Kommunikation ist nahezu synchron und ermöglicht damit eine vereinfachte, flexible und ortsunabhängige Arbeitsgestaltung. Somit werden crossfunktionale Teams über mehrere Standorte hinweg befähigt, in Echtzeit, nachvollziehbar und gemeinsam miteinander zu arbeiten.

Tipps zum Implementieren

Durch das inzwischen gängige Nutzen von Messenger-Applikationen auf dem Smartphone ist die Hürde für Chat-Programme tendenziell deutlich gesunken. Entscheidend für den Arbeitskontext ist, dass die Art und Weise der Nutzung und der mögliche Mehrwert bei der Einführung transparent gemacht werden. Gerade in Unternehmen, in denen E-Mails immer noch gängig sind, braucht es eine Sinnhaftigkeit, um die gemeinsame Kommunikation auf Chat umzustellen. Diese sollte bei der Einführung deutlich gemacht und anhand von Beispielen erläutert werden. Außerdem können kleine Tutorials helfen (selbst erstellt oder praktischerweise für das entsprechende Chat-Programm als Links zu YouTube o. Ä.). Gerade wenn es um erweiterte Funktionen geht, können eine Arbeitserleichterung und Verschlankung der Abläufe häufig attraktive Nebeneffekte für Mitarbeiter sein. Je nach „digitaler Reife" des Unternehmens kann es sich anbieten, Leitfäden zur Kommunikation im Chat bereitzustellen. Wichtig ist jedoch dabei, dass Mitarbeiter sich nicht durch die Transparenz des Chats beobachtet und kontrolliert fühlen, sondern selbst bestimmen, wie sie ihren Umgang miteinander bestmöglich gestalten können und dass ihnen bewusst gemacht wird, dass Tipps lediglich zur Anregung dienen.

Beispiel

Ein Team im Marketing-Bereich am Hauptstandort Hamburg wird für ein neues Projekt mit zwei Designern aus dem Standort Berlin aufgestockt. Aufgrund von privaten Gründen arbeiten zwei Teammitglieder Teilzeit und an zwei Tagen der Woche im Homeoffice. Da die örtliche, räumliche und zeitliche Trennung die Teamarbeit erschwert, wird es dem Team ermöglicht, durch ein Chat-Programm in Echtzeit miteinander zu kommunizieren, ihre neuesten Ergebnisse zu präsentieren und direkt diskutieren zu lassen. So wird Gina, die in Teilzeit arbeitet, bei den für sie wichtigen Inhalten immer getaggt, die zeitlich versetzt noch ihr Feedback brauchen, alles übersichtlich in einem Chat-Verlauf nachvollziehbar. Konkret kann Gina in Teilzeit auch zwei Tage später sowohl genau nachvollziehen, was mit welchem Ergebnis diskutiert worden ist, als auch bei einem Vermerk mit ihrem Namen (= taggen) eine konkrete Aufgabe oder Frage beantworten kann, unabhängig von dem restlichen Verlauf im Chat der vergangenen zwei Tage.

Mögliche Herausforderungen

Es kann passieren, dass Mitarbeiter weiter per E-Mail kommunizieren möchten, da sie diese für sich geschlossene Kommunikationsform bevorzugen und ungern im (Team-) Chat ihre Inhalte teilen. Ein Chat macht Teams allerdings schneller und erfolgreicher. Hinderlich können jedoch große Chat-Gruppen werden, in denen zu viele unterschiedliche Themen geteilt werden, was die Arbeit nicht nur verlangsamt, sondern sie wirkt auch als demotivierender Faktor. Fokussierte Chat-Gruppen sind wichtig für die Performanz und Motivation. Bedarf es großer Chat-Gruppen (wie z. B. den Chat für das gesamte Unternehmen), ist es sinnvoll, Regeln, Moderatoren oder teilweise unterschiedliche Nutzungsrechte zu verteilen, sodass Schlüsselpersonen im Unternehmens-Chat die wichtigen Informationen für alle teilen können.

Community of Practice

Schwierigkeit	Aufwand	Zielgruppe
●	●	ᴔᴔᴔ

▶ Communities of Practice sind von Mitarbeitern selbst organisierte Lernformate im Unternehmen.

Warum wichtig – Nutzen und Impact

Eine Community of Practice (COP) ermöglicht es Mitarbeitern, neues Wissen praktisch auszuprobieren, mit anderen zu diskutieren und zu reflektieren. Dadurch kann Wissen miteinander geteilt werden, um insgesamt die Expertise zu bestimmten Themen im Unternehmen zu erhöhen. Unternehmen profitieren von COPs, indem der Wissens- und Erfahrungsaustausch ohne finanziellen Mehraufwand sowohl das Lernen fördert als auch die Vernetzung der Mitarbeiter untereinander erhöht.

Beschreibung

Eine COP ist ein praxisorientiertes Lernformat, in dem in selbst organisierten Meetings zu bestimmten Themenfeldern Expertise ausgetauscht wird und Lerninhalte praktisch ausprobiert werden. Dadurch sind die Mitarbeiter intrinsisch motiviert, sie kommen aus eigenem Antrieb und wenn sie die Zeit dafür zur Verfügung haben. Vor allem in Entwicklerkreisen haben sich COPs als äußerst hilfreich erwiesen, da das Wissen sich in diesem Bereich schnell verändert und es wichtig ist, up to date zu bleiben. COPs können auf fachliche Kompetenzen ausgerichtet sein (bestimmte Programmiersprachen, Design, Marketing, Coaching, Leadership), sich aber auch auf allgemeine Interessengebiete beziehen (Moderation von Gruppen, Zeichnen, Programmieren lernen, mittags joggen). Ob die COP moderiert wird oder eine Agenda hat, hängt von der Zielsetzung und Ausrichtung ab und wird von den Teilnehmenden selbst entschieden. Es gibt COPs, in denen die meiste Zeit diskutiert wird, und wiederum andere, in denen sehr viel ausprobiert wird und direktes Feedback erfolgt. Grundsätzliches Ziel der COP ist es, einen inhaltlichen Mehrwert für die Teilnehmenden zu ermöglichen. Vor allem in New-Work-Kontexten, in denen viele Teams crossfunktional aufgestellt sind, bieten sich COPs an. So können sich Mitarbeiter aus verschiedenen Teams mit derselben Expertise über ihre Themen austauschen und inhaltlich ähnliche Themen sowie Probleme besprechen. In diesem Rahmen kann es, je nach Zielsetzung der COP, auch zum gemeinsamen Ermitteln und Festlegen von Unternehmensstandards kommen.

Eine COP dauert je nach Ausrichtung zwischen einer und zweieinhalb Stunden. In der Regel finden COPs alle zwei bis vier Wochen statt und sollten nach Bedarf und Dringlichkeit in ihrer Häufigkeit situativ angepasst werden. Es gibt einzelne COPs, die als geschlossene Gruppe abgehalten werden, auch wenn die meisten für alle Interessierten eine offene Anlaufstelle sind.

Tipps zum Implementieren

Beim Einführen der COP sollten die Zielsetzung sowie die möglichen Ausgestaltungen klar definiert und mögliche Ansprechpersonen zur Unterstützung ernannt werden. Auf diese Weise kann sichergestellt werden, dass die COP einen tatsächlichen Mehrwert bringen kann. Es ist zu empfehlen, in der ersten gemeinsamen Sitzung miteinander zu besprechen, was der spezifische Fokus der COP sein soll und welche Themen nicht in den Sessions behandelt werden.

Beispiel

Nachdem in einem IT-Unternehmen im albanischen Tirana sich immer wieder über chaotische Meetings beschwert worden war, gab es für daran interessierte Mitarbeiter die Möglichkeit, an einem Moderationstraining teilzunehmen. Die Mitarbeiter lernen Grundsätzliches über Gruppenstruktur und Prozesse, spannende

Methoden, um Meetings besser zu strukturieren, und zur Rolle des Moderators. In dem Training probieren die Teilnehmenden verschiedene Methoden aus und stellen fest, dass manche Methoden herausfordernd für sie sind. Hanna sagt am Ende im Feedback: „Wie schön wäre es, die Methoden weiter ausprobieren zu können, um mehr Sicherheit zu gewinnen und unser Repertoire zu erweitern." Till, Programmierer und seit Kurzem Lead eines Entwicklerteams, hat daraufhin folgenden Einfall: „Lasst es uns doch genauso wie mit unserer Backend Community of Practice machen. Wir treffen uns alle zwei Wochen, besprechen alles rund um unser Thema und testen manchmal gemeinsam bestimmte Vorgehensweisen aus!" Die Gruppe ist von diesem Vorschlag angetan, und gemeinsam entscheiden sie sich, eine Moderations-COP zu gründen. „Wir sollten uns gut überlegen, wie wir unsere Sessions aufbauen, damit wir unsere Zeit bestmöglich nutzen können. Mein Vorschlag ist, dass abwechselnd immer eine Person eine neue Methode zum Ausprobieren mitbringt", wirft Till ein. Nach zwei Wochen trifft sich die COP zum ersten Mal, bespricht, wie sie ihre Meetings gestalten will, und probiert auch direkt eine mitgebrachte Methode von Hanna aus. Das Ausprobieren läuft noch etwas holprig, doch das anschließende Feedback hilft den Einzelnen sehr. Sie nehmen sich vor, beim nächsten Mal mehr Zeit zum Ausprobieren einzuplanen und erst anschließend über weitere Themen zu diskutieren. So soll sichergestellt werden, dass jedes Mal etwas Neues ausprobiert wird. Hanna erklärt sich bereit, die Organisation zu übernehmen und die Person, die beim nächsten Mal eine Methode mitbringt, noch einmal zwei Tage vorher daran zu erinnern. Im Laufe der nächsten COP Sessions schafft die Gruppe es tatsächlich, regelmäßig neue Methoden auszuprobieren. Gleichzeitig erhöht sich der Anteil des Redebedarfs über entstandene Schwierigkeiten, die die einzelnen Teilnehmenden in verschiedenen Situationen beim Moderieren im Unternehmen erlebt haben. Die COP wird über die Zeit ein Ort, an dem die Teilnehmenden sich austauschen, miteinander reflektieren sowie lernen und neue Methoden ausprobieren können. Die Gruppe entscheidet sich nach einiger Zeit, den Zeitrahmen von eineinhalb Stunden auf zwei Stunden zu erhöhen.

Mögliche Herausforderungen
Wenn die Zielsetzung unklar ist, wird es schwierig, sich inhaltlich konstruktiv mit den Themen auseinanderzusetzen. Hier bietet es sich an, eine klare Zielsetzung der COPs zu definieren. Gibt es keine Person, die sich für die Organisation, das Sammeln der Themen und die möglichen Vorbereitungen verantwortlich fühlt, kann eine COP schnell im Chaos versinken und für Teilnehmende unattraktiv werden. Empfohlen wird hier, entweder eine feste Person zu bestimmen oder alternierend die Verantwortung aufzuteilen.

Company Essentials

Schwierigkeit	Aufwand	Zielgruppe
● ●	● ●	● ● ● ● ● ● ● ᘉᘉᘉᘉᘉ

▶ Company Essentials sind Inhalte, die alle Mitarbeiter des Unternehmens kennen sollen.

Warum wichtig – Nutzen und Impact

Die Company Essentials helfen Mitarbeitern, bessere Entscheidungen zu treffen, das eigene Vorgehen kritisch zu hinterfragen und die eigene Arbeit bestmöglich am Unternehmen auszurichten. Im Unternehmen werden die wichtigsten Inhalte für erfolgreiches Arbeiten transparent gemacht, klar positioniert und pointiert.

Beschreibung

Als Company Essentials können die für das Unternehmen grundlegenden Essenzen der Zusammenarbeit und Ausrichtung der Arbeit verstanden werden. Hierunter fallen beispielsweise für das Geschäftsmodell essenzielle Grundlagen wie „Customer Acquisition Cost", „Funnel" oder „Customer-Lifetime-Value" und ggf. auch das Mission Statement und die Vision des Unternehmens. Das Unternehmen bzw. die Geschäftsführung kann Company Essentials in Zusammenarbeit mit Schlüsselrollen erstellen und dem Unternehmen zugänglich machen. Damit kann sichergestellt werden, dass Mitarbeiter ihre Arbeit basierend auf diesen Grundlagen ausführen und damit einen bestmöglichen Beitrag zum Erfolg des Unternehmens leisten. Bei den Company Essentials ist es wichtig, keinen Themenkatalog über unzählige Inhalte zu generieren, sondern sich auf die für den Unternehmenserfolg und die Unternehmenskultur wichtigsten Eckpfeiler zu fokussieren. In New-Work-getriebenen Unternehmen sind Company Essentials häufig in visueller Form an den Wänden von Meetingräumen, Fluren und in Treppenhäusern zu finden. Die visualisierten Essentials (s. Hack Visual Essentials) helfen den Mitarbeitern bei der Verinnerlichung und Einbindung in die eigenen Entscheidungs- sowie Arbeitsprozesse und schaffen ein gemeinsames Grundverständnis. Gleichzeitig werden sie bei Teambesprechungen als Grundlage der Erarbeitung von strategischen Ausrichtungen benutzt. Ein Indiz dafür, dass die Company Essentials tatsächlich aktiv in die Arbeit einbezogen und damit zu gelebten Essentials werden, ist, dass Mitarbeiter diese benennen und weiterführend erklären können, welchen Mehrwert diese für die eigene Arbeit haben. Positiv unterstützen kann man das aktive Einbinden der Company Essentials in die Arbeit der Mitarbeiter dadurch, dass in regelmäßigen Abständen inhaltliche Impulse gegeben und gemeinsam darüber diskutiert wird.

Tipps zum Implementieren

Grundlage der Einführung von Company Essentials ist, dass diese im Unternehmen herauskristallisiert und definiert wurden. Hierbei empfiehlt es sich, kritisch zu hinterfragen, was genau die Company Essentials sind und welchen Mehrwert sie tatsächlich den Mitarbeitern als Grundlage ihrer Arbeit bringen. Passende Fragen dazu lauten: „Was macht dieses Thema/dieses Wissen zu einem Company Essentials anstelle von anderen möglichen Alternativen?" bzw. „Kann das Unternehmen ohne dieses Wissen überleben?". Wenn die Company Essentials eingeführt werden, sollten hierzu direkt Gesprächsrunden und weitere Formate angesetzt werden, um Fragen zu klären und das Verständnis zu schärfen. Company Essentials können sich über die Zeit verändern, wenn beispielsweise die Ausrichtung des Unternehmens sich verändert oder ein neues Business-Modell eingeführt wird. In den verschiedenen Abteilungen und Teams bietet es sich an, gemeinsam zu besprechen, wie die Company Essentials in das eigene Arbeiten als Grundlage integriert werden können.

Beispiel

Tom ist Lead des Online-Marketings eines Unternehmens mit 430 Mitarbeitern in Sydney, Australien. Als Profi jongliert er selbstverständlich mit Begriffen wie B2B und B2C und den entsprechenden Marketingmaßnahmen rund um Customer Acquisition Costs und vielen weiteren. In Meetings mit anderen Bereichen im Unternehmen stellt Tom immer wieder fest, dass diese über das Business-Modell des Unternehmens gar nicht richtig Bescheid wissen, sondern einfach ihren Teil der Arbeit bestmöglich machen. Immer wieder sieht er, dass aufgrund von Nichtwissen Entscheidungen getroffen werden, die nicht dem Business-Modell entsprechen und den Unternehmensziele entgegenstehen. Tom geht zu den Gründern des Unternehmens, Arne und Dennis, und erzählt ihnen von seiner Beobachtung. Diese zeigen sich verwundert über Toms Beobachtungen, da sie es als selbstverständlich angesehen haben, dass alle im Unternehmen über ihr B2C Business Model und dessen Implikationen informiert sind. Gemeinsam überlegen die drei, wie man am besten dieses Wissen und dessen Wichtigkeit transparent machen kann und welche weiteren Themenbereiche nicht ausreichend bekannt sind. Sie kommen auf insgesamt vier Themen, die sie noch einmal mit den entsprechenden Experten der jeweiligen Bereiche in Rücksprache kritisch prüfen wollen. Arne und Dennis nehmen sich vor, diese grundlegend wichtigen Themen als inhaltliche Essenzen des Unternehmens aufzubereiten und im Unternehmen bekannt zu machen. Tom schlägt vor, diese „Company Essentials" zu nennen. Nach kritischer Prüfung der vier Themenbereiche, der Aufbereitung und der anschließenden Präsentation für das ganze Unternehmen werden die vier Themen zusätzlich auf beeindruckend schönen Postern dargestellt und diese im Unternehmen aufgehängt. Tatsächlich merkt Tom im Laufe der nächsten Monate eine kleine Veränderung in den gemeinsamen Diskussionen. Kollegen und Mitarbeiter können ihre Zielsetzungen noch konkreter auf die Unternehmensausrichtung hin definieren und beginnen, ihre Argumentationen auf den visualisierten Company Essentials basierend aufzubauen.

Sein Eindruck ist, dass insgesamt mehr Fokussierung entsteht und ein tiefgreifendes Verständnis über wichtige Grundlagen der gemeinsamen Arbeit entwickelt wird. Arne und Dennis haben sich entschieden, regelmäßig im Onboarding von neuen Mitarbeitern die Company Essentials persönlich vorzustellen. Damit wollen sie deren Wichtigkeit aufzeigen und gleichzeitig dafür sorgen, dass alle Mitarbeiter im Unternehmen direkt von Beginn an über die Essentials informiert werden.

Mögliche Herausforderungen
Es kann herausfordernd sein, sich auf die wichtigsten Inhalte für die Company Essentials festzulegen, da je nach Unternehmensbereich unterschiedliche Themen wichtig sind. Hier kann gefragt werden, was unternehmenskritisches Wissen ist, um das eigene Business-Modell erfolgreich umsetzen zu können. Wenn Company Essentials nur definiert und nicht transparent gemacht werden, kann es sein, dass der Mehrwert und praktische Nutzen weitestgehend ausbleiben. Hier wird dringend empfohlen, das „warum" (s. Hack „Golden Circle") der einzelnen Essentials zu definieren und auch für fachfremde Personen verständlich zu erklären.

Core Values

Schwierigkeit	Aufwand	Zielgruppe
● ●	● ●	⌒⌒⌒⌒⌒⌒

▶   Core Values sind Werte, die den Kern der Zusammenarbeit im Unternehmen prägen und im Miteinander aktiv gelebt werden.

Warum wichtig – Nutzen und Impact
Core Values, also die Kernwerte eines Unternehmens, bieten in schwierigen Situationen Wegweiser sowohl für den gemeinsamen Umgang miteinander als auch für die Kommunikation nach außen. Core Values helfen bei der Prioritätensetzung, der Auswahl von passenden neuen Mitarbeitern und bei der Weiterentwicklung von internen Prozessen. Damit werden sie zum wichtigen Faktor für eine gelebte Unternehmenskultur.

Beschreibung
Einige Unternehmen haben inzwischen Core Values für sich erarbeitet, definiert und als festen Bestandteil des Unternehmens verankert. Gerade innovative und moderne Unternehmen setzen die Core Values als festen Bestandteil sogar mit auf die eigene

Webseite. Damit transportieren sie nach außen, wofür sie als Unternehmen stehen. Core Values sind grundlegende Werte, die das Miteinander bestimmen und die als Leuchttürme dienen, um das Navigieren durch den Arbeitsalltag zu erleichtern. Typische Core Values sind „Respekt gegenüber anderen", „Verantwortung übernehmen", „sich stetig weiterentwickeln", „sinnhaft handeln" und „kundenfokussiert sein". Core Values sind die Verdichtung und Fokussierung der für das Unternehmen wichtigsten Werte.

Im ersten Schritt werden Core Values definiert. Das geschieht häufig, indem die Führung des Unternehmens zusammen mit erfahrenen und langjährigen Mitarbeitern (und im besten Fall auch mit neuen Mitarbeitern) über grundlegende Kernwerte des Unternehmens diskutiert und diese gemeinsam verdichtet und definiert. Dabei ist es wichtig, dass die Kernwerte spezifisch, konkret und zueinander kohärent und stimmig sind. Nur auf diese Weise können sie authentisch und glaubhaft für die Mitarbeiter und den Arbeitsalltag sein. Als Tabakunternehmen wäre beispielsweise der Core Value „Gesundheit fördern" wahrscheinlich weder glaubhaft noch umsetzbar.

Im zweiten Schritt werden die Core Values kommuniziert und vorgestellt, damit die Mitarbeiter prüfen können, inwiefern die Werte zu ihren individuellen, gelebten Werten sowie ihrem Eindruck vom Unternehmen passen. In diesem Schritt kann es nötig werden, dass nach dem Einholen des Feedbacks eine zweite Iteration durchgeführt wird und die Core Values im Wording (und manchmal im Inhalt) angepasst werden.

Der dritte Schritt ist das Etablieren der Core Values im Unternehmen. Allen Mitarbeitern sollen die Core Values bewusst werden, sie sollen ihr Handeln danach ausrichten und damit die Werte zur gelebten Unternehmenskultur werden. Gerade in modernen und innovativen Unternehmen werden Core Values als Korrektiv der eigenen Handlungen bewusst eingesetzt und auch im Rahmen von Feedback genutzt. So erfolgt beispielsweise die Einschätzung eines Mitarbeiters während der Probezeit, aber auch in Mitarbeiterjahresgesprächen unter Berücksichtigung der Core Values.

Tipps zum Implementieren

Für das Implementieren von Core Values ist es wichtig, dass diese nicht von oben den Mitarbeitern vorgesetzt werden und dabei nichts mit der tatsächlich gelebten Unternehmenskultur zu tun haben. Entscheidend ist, dass Mitarbeiter sich mit den Core Values identifizieren können und diese in ihre Arbeitsweisen als festen Bestandteil über die Zeit integrieren. Das Visualisieren von Core Values ist dabei genauso essenziell wie das Vorleben der Core Values durch die höheren Führungskräfte. Um die Core Values im Unternehmen besser greifbar zu machen, bietet es sich an, dass Führungskräfte und Teams gemeinsam betrachten, inwiefern die eigenen Arbeitsweisen deckungsgleich mit den Werten sind und ob ggf. veränderte Handlungsweisen benötigt werden. Auf diese Weise behält man im Blick, wie die Werte bereits aktiv in der eigenen Arbeit gelebt werden.

Beispiel

Ein modernes und innovatives Unternehmen hat „Fanatic Learning" als einen der Core Values. In regelmäßigen Mitarbeitergesprächen fragt der Mitarbeiter Jens immer wieder nach, ob er Zugang zu einer bestimmten Lernplattform bekommen kann, bei der ein Monatsbeitrag fällig wird. Da das Team gerade sehr viel zu tun hat und es nicht absehbar ist, wann das Arbeitspensum wieder abnimmt, sieht die Führungskraft Anke die Anfrage skeptisch. Sie argumentiert, dass die eigentliche Arbeit derzeit wichtiger ist und im Fokus stehen muss. Dabei fragt Anke nach, ob Jens diesen Fokus und dessen Wichtigkeit genauso einschätzt. Nach einigen dieser Sitzungen ist Jens frustriert, da er sich nicht vom Unternehmen in seiner Weiterentwicklung unterstützt sieht. Beim Gang durch das Unternehmen sieht er die visualisierten Core Values an der Wand und hat eine Idee: Beim nächsten Gespräch mit seiner Führungskraft argumentiert er folgendermaßen: Er sagt, dass er basierend auf dem Core Value „Fanatic Learning" begründen kann, einen kleinen Teil seiner Arbeitszeit für die Weiterbildung auf dieser Plattform zu nutzen. Durch das Einbinden des Core Values in seine Argumentation bekommt sein Wunsch ein größeres Gewicht und erschwert es der Führungskraft Anke dagegen zu argumentieren, da sie damit gegen die Core Values des Unternehmens argumentieren müsste. Auf diese Weise schafft es Jens mithilfe der Core Values, sich für ein für ihn wichtiges Vorhaben erfolgreich einzusetzen und dabei gleichzeitig die Grundprinzipien des Unternehmens zu vertreten.

Mögliche Herausforderungen

Es kann passieren, dass die vorgeschlagenen Core Values als Wunschvorstellung der Chefetage abgetan werden. Hierbei ist es wichtig, Feedback darüber einzuholen, ob die Werte der aktuellen Unternehmenskultur entsprechen oder nicht. Es kann schwierig werden, wenn die Core Values nicht authentisch transportiert werden oder als Druckmittel und ohne sinnvolle Begründung eingesetzt werden. Core Values sollten nicht als Utopie einiger weniger Führungskräfte gesehen werden. Dem kann man entgegenwirken, indem die Core Values tatsächlich gemeinsam erarbeitet und abgeleitet werden.

Crossfunktionale Teams

Schwierigkeit	Aufwand	Zielgruppe
● ●	● ●	ᴼ ᴼ ᴼ ⋔⋔

▶   Crossfunktionale Teams sind Arbeitsgruppen, die aufgrund unterschiedlicher
    Kompetenzen ihrer Mitglieder über alle Ressourcen verfügen, um ein Projekt-
    ziel zu erreichen.

Warum wichtig – Nutzen und Impact

In crossfunktionalen Teams zeichnen sich die Teammitglieder durch unterschiedliche
Kompetenzen und ggf. starke Spezialisierungen aus. Dadurch arbeiten verschiedene Disziplinen an einem gemeinsamen Ziel, sodass fokussierte Zielorientierung und schnellere
Arbeitsprozesse entstehen. Alle notwendigen Kompetenzen sind bereits im Team vorhanden und müssen nicht aufwendig organisiert werden. Durch die Interdisziplinarität
lernen die Mitglieder voneinander und können für zukünftige Projekte besser einschätzen, welche Kompetenzen zur Zielerreichung gebraucht werden. Das fördert die
aktive Wissensarbeit sowie den Wissenstransfer im Unternehmen.

Beschreibung

Crossfunktionale Teams sind so wichtig geworden, weil die Spezialisierung in
bestimmten Themenbereichen zugenommen hat und Projekte mittlerweile so angelegt
sind, dass nicht jeder Einzelne alles zur Zielerreichung wissen oder beitragen
kann. Ein crossfunktionales Team verfügt idealerweise über alle wichtigen Kernkompetenzen, um so autark wie möglich arbeiten und (zeitlich beschränkte) Abhängigkeiten zu anderen Teams bestmöglich vermeiden zu können. Es sollte ein breites, auf
die einzelnen Teammitglieder aufgeteiltes Wissen vorhanden sein, um fokussiert auf
die gemeinsame Zielerreichung hinzuarbeiten. In der Projektarbeit erleichtert und
beschleunigt das die Arbeitsprozesse, da die Aufgaben und Zuständigkeiten klar verteilt und dadurch auch übersichtlicher gestaltet werden können. In crossfunktionalen
Teams wird kooperatives und direktes Lernen gefördert, da Aufgabenverteilung,
Übergabe von Verantwortlichkeiten und Absprachen wesentlich zur Erreichung des
Projektziels und damit zum Erfolg des Teams beitragen. Der entscheidende Vorteil bei
crossfunktionalen Teams ist allerdings, dass unnötige Wege, Organisation der richtigen
Personen und Barrieren, die durch Funktion, Aufgabenbereich und persönliche Ziele
entstehen, abgeschafft werden.

Tipps zum Implementieren

Damit ein crossfunktionales Team arbeiten kann, ist es wichtig, dass es nicht aus Gene-
ralisten, sondern aus generalisierenden Spezialisten besteht. Die einzelnen, teilweise
sehr spezialisierten Funktionen sollten auf ein gemeinsames Ziel ausgerichtet sein.
Dieses festzulegen und dabei die einzelnen Kompetenzen der Teammitglieder zu kennen, ist eine Grundvoraussetzung, damit crossfunktionales Arbeiten gelingen kann.
Die Teammitglieder müssen wissen, was die einzelnen Funktionen im Team sind, was
geleistet werden kann und was genau das Projektziel ist. Es bietet sich also an, die

Rahmenbedingungen klar zu definieren und transparent zu machen. Dafür macht zu Projektbeginn ein Bootstrapping (s. Hack „Team Bootstrapping") Sinn, da es Vertrauen, Transparenz und Arbeitsteilung schafft, was die Arbeit untereinander im späteren Arbeitsprozess erleichtert.

Ebenso ist es einfacher, wenn in crossfunktionalen Teams Feedback (s. Hack „Feedback-Kultur") gelebt wird und das gemeinsame Arbeiten zuvor im Team vereinbarten Richtlinien folgt (s. Hacks „Prime Directive" und „Meeting Rules").

Beispiel

Ein eher traditionelles Unternehmen in Almaty, Kasachstan, hat vor einiger Zeit mit viel Mühe eine eigene App herausgebracht. Die Kunden begrüßen die App, sind jedoch von der Nutzung (= Usability) nicht begeistert. Die Geschäftsführer Ilan und Abai sehen dringenden Handlungsbedarf und überlegen, wie sie hier ansetzen können. Damit nicht wie vorher in verschiedenen Bereichen und voneinander getrennt Personen an der Weiterentwicklung der App arbeiten, beschließen sie nach intensiver Beratung, ein dafür eigenständiges und neues Team einzusetzen, das alle wichtigen Kernkompetenzen im Team vereint. Sie schauen sich näher an, welches Wissen benötigt wird, und stellen anschließend ein Team zusammen: Drei Entwickler, ein Designer sowie ein UX'ler (= User Experience Expert) bilden das Team. Ilan und Abai stellen bei der Zusammenstellung fest, wie hilfreich ein Austausch sein kann, und fragen im Sinne von New Work das Team, ob alle wichtigen Kompetenzen vorhanden sind. Das Team wendet ein, dass der Blick des Kunden bisher noch nicht berücksichtigt wird. Daraufhin wird gemeinsam entschieden, einen Kundensupporter in das Team zu integrieren. Damit ist das Team komplett und kann einsatzbereit gemacht werden (s. Hack „Team Bootstrapping").

Mögliche Herausforderungen

Arbeitsprozesse und Kompetenzen in einem Team und zu einem Projekt bzw. Thema zu bündeln, erfordert eine gute Übersicht der Aufgaben zu haben und den Verlauf im Projekt zu kennen. Das ist nicht einfach und je nach Projekt auch nicht immer ersichtlich. Hier ist es wichtig, dass die Projektverantwortlichen flexibel auf die Anforderungen reagieren und die Kompetenzen im Unternehmen kennen.

Es kann einen starken Einfluss auf die Teammitglieder haben, wenn sie den Eindruck haben, dass sie Aufgaben, Macht und Verantwortung abgeben müssen. Hier klare Vereinbarungen für das Projekt zu treffen, können Unsicherheiten und Angst reduzieren. Es geht in crossfunktionalen Teams darum, dass die Gesamtkompetenz im Team effektiv zur Zielerreichung eingesetzt wird und dem Team klar wird, dass diese Zusammensetzung die Arbeit erleichtern kann (vgl. Abb. 1).

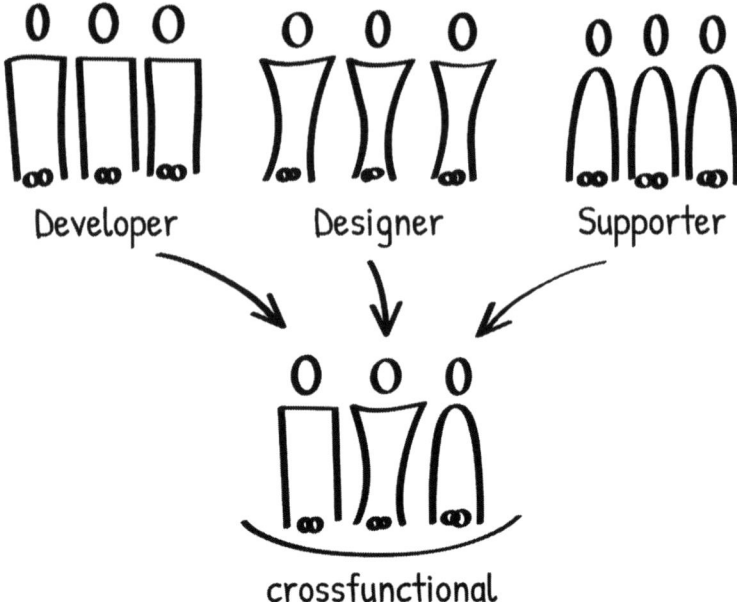

Abb. 1 Arbeiten in und mit crossfunktionalen Teams

Decision Making Knowledge

Schwierigkeit	Aufwand	Zielgruppe
●	● ●	$\stackrel{o}{\cap}$ + $\stackrel{ooo}{\cap\cap\cap}$ + $\stackrel{ooooooo}{\cap\cap\cap\cap\cap\cap}$

▶ Bei Decision Making Knowledge handelt es sich um Metawissen über Entscheidungsprozesse und wie man zu besseren Entscheidungen gelangen kann.

Warum wichtig – Nutzen und Impact

Durch Wissen über Entscheidungsprozesse können Arbeitsweisen verbessert und beschleunigt werden. Teams können zufriedenstellende Entscheidungen treffen, die Fehler im Unternehmen reduzieren. Durchdachte Entscheidungen sind ein Erfolgsfaktor für bessere Produkte und Arbeitsweisen. Damit wird die Ausrichtung des Unternehmens bis hinunter auf die Teamebene gleichermaßen professionalisiert und qualitativ gesteigert.

Beschreibung

Täglich treffen wir mehr als 20.000 Entscheidungen, die sowohl unser privates als auch unser berufliches Leben bestimmen. Wissen darüber, was Entscheidungen eigentlich sind und wie diese bestmöglich getroffen werden, kann vor allem im Arbeitsalltag hilfreich sein. Decision Making Knowledge trägt dazu bei, Entscheidungen nicht ausschließlich ad hoc zu treffen, sondern als einen Prozess anzuerkennen, der im Unternehmen institutionalisiert werden kann. Das unterstützt dabei, durchdachte Entscheidungsfindung zu lernen, wodurch Mitarbeiter beispielsweise in Stresssituationen bessere Entscheidungen treffen und stärker vorbereitet sind.

Dabei kann Decision Making Knowledge grob in sechs Prozessschritte gegliedert werden, die es ermöglichen, Entscheidungen durchdachter und ganzheitlicher zu treffen:

1. Definition und Natur von Entscheidungen: Hier ist es wichtig zu erkennen, ob und inwiefern es sich um eine Entscheidung handelt. Bei einer Entscheidung wird in der Regel zwischen mindestens zwei Handlungsoptionen gewählt mit der Absicht, das gesetzte Ziel zu erreichen.

2. Definition und Rahmung des Ziels: Bei einer Entscheidung steht das beabsichtigte Ziel im Vordergrund, weshalb dieses möglichst klar sein sollte. Aufgrund dessen kann dann eine Entscheidung getroffen werden. Es ist demnach wichtig herauszuarbeiten, was genau das Ziel ist, worin der Erfolg des Ziels besteht, wie die Zukunft mit der Zielerreichung aussieht und was mögliche Stolpersteine bei der Zielsetzung sind. Entscheidungen können demnach ebenfalls wie Ziele beispielsweise nach SMARTen Kriterien (=**S**-pezifisch, **M**-essbar, **A**-ttraktiv, **R**-ealistisch, **T**-erminiert) definiert werden.

3. Rollen und Funktionen in der Entscheidung: Eine Entscheidung kann durchdachter getroffen werden, wenn die Rollen und Funktionen darin bekannt bzw. bewusst sind. Hier kann gemeinsam herausgearbeitet werden, wer im Prozess zuständig, verantwortlich, beratend/informierend, stimmberechtigt oder betroffen für und von der Entscheidung ist. Das trägt dazu bei, dass die entscheidenden Personen am Decision Making beteiligt werden und nicht im Nachhinein Einverständnisse oder Informationen einzuholen sind, was eine bessere und vor allem verbindlichere Entscheidung in Teams, Projekten und übergeordneten Funktionen bewirkt.

4. Erarbeitung von Möglichkeiten und Alternativen: Eine Entscheidung ist die Wahl einer von mindestens zwei Handlungsoptionen, weshalb in einem Entscheidungsfindungsprozess möglichst alle Alternativen und Optionen besprochen werden sollten. Auf dieser Grundlage ist es besser möglich, die oben definierten Ziele zu erreichen oder Stolpersteine zu vermeiden. Durch die Ermittlung der verschiedenen Rollen, die in die Entscheidung involviert sind, kann es gelingen, verschiedene Perspektiven und dadurch Entscheidungswege zu verdeutlichen. So kann das Team stärker dazulernen und versteht auch die Konsequenzen einer Entscheidung besser.

5. Beurteilung und Verdichtung der Möglichkeiten: Die unterschiedlichen Möglichkeiten und Optionen für eine bestimmte Entscheidung sind hier in Bezug auf die Ziel- und Rahmenbedingungen (wie Mission Statement, Unternehmensziele etc.) zu beurteilen und abzuwägen. Es geht darum herauszuarbeiten, welche Handlungsoptionen das Ziel am besten oder schnellsten erreichen. Um eine tatsächliche Wahlfreiheit zu bekommen, bieten sich mehr als zwei Optionen an.
6. Entscheidung treffen: Im letzten Schritt geht es dann um die tatsächlich zu treffende Entscheidung. Auch hier kann es hilfreich sein zu wissen, welche Entscheidungsprinzipien (Mehrheit vs. Minderheit, Konsens vs. Experten, Zustimmung etc.) im Unternehmen, im Projekt oder Team zur Verfügung stehen, die wiederum häufig mit den Unternehmenswerten verknüpft sind.

Entscheidungen werden sowohl von unserer Ratio als auch von unserer Intuition beeinflusst. In Stresssituationen oder bei wichtigen Entscheidungen ist es notwendig, dass Teams eine routinierte Balance zwischen rationaler und intuitiver Entscheidung entwickelt haben, um hier gut miteinander arbeiten zu können. Deswegen ist neben dem Basiswissen über Entscheidungen ein institutionalisierter Findungsprozess hin zu einer guten Entscheidung wertvoll für das Unternehmen.

Tipps zum Implementieren

Ein Workshop oder eine Schulung zum Thema Entscheidungen kann helfen, Basiswissen darüber zu erhalten und im Unternehmen anzuwenden. Mittels einer solchen Weiterbildung ist es ebenfalls möglich, Entscheidungsträger des Unternehmens zusammenzubringen und untereinander Wissen sowie Erfahrungen auszutauschen. Das fördert das Vertrauen ins Unternehmen und schafft interne Lernprozesse. Häufig helfen hier Tandems, die sich bei schwierigen Entscheidungen gegenseitig unterstützen oder als Sparringspartner fungieren. Zugleich sollte die unternehmensinterne Diskussion über die Art und Weise geführt werden, wie in den verschiedenen Unternehmensbereichen Entscheidungen getroffen werden.

Entscheidungen können durch verschiedene Methoden angeregt, bearbeitet und entscheidungsfähig gemacht werden. Hier macht es Sinn, über ein möglichst breites Repertoire an Methoden zu verfügen und die Ausrichtungen der verschiedenen Methoden zu kennen sowie dem Team anbieten zu können.

Einen klaren Decision Making Process im Unternehmen zu institutionalisieren, hilft Teams, mehr Routine im Umgang mit Entscheidungen zu erlangen und an die richtigen Informationen sowie Entscheidungsträger zu gelangen. Das schafft Motivation und Vertrauen untereinander und fördert gemeinsames Lernen.

Den Decision Making Process an den Unternehmenswerten auszurichten (s. Hack „Core Values") und in der Unternehmenskultur zu verankern, erhöht die Wichtigkeit von Entscheidungen und fördert Gewissenhaftigkeit in der Ausführung von Aufgaben.

Susi und ihr Team haben sich über die Zeit angewöhnt, Entscheidungen schnell zu treffen. Da ihr Teamalltag hektisch ist und sie immer viel zu tun haben, wollen sie so viel Zeit wie möglich für das operative Geschäft haben. Bei Projekten mit anderen Teams sind sie inzwischen dafür bekannt, bei Entscheidungen pragmatisch zu sein und damit auch einmal Unzufriedenheit bei deren Teammitgliedern auszulösen. Susi denkt bei solchen Vorwürfen immer: „Nur weil die anderen keine schnellen Entscheidungen treffen können, muss ich ja nicht langsamer in meinen Entscheidungen sein!" Das ändert sich in der gemeinsamen Retrospektive mit ihrem Lead Nico. Dabei stellt sich heraus, dass er mit der Priorisierung der Aufgaben unzufrieden ist. Nico challengt sein Team, indem er die Begründung für deren Priorisierungen erfahren möchte. Susi und ihr Team geraten ins Stocken, da ihnen neben „Pragmatismus" keine weiteren Gründe für ihre Entscheidungen einfallen: „Wir wollten doch einfach schnell entscheiden und haben das auch immer nach bestem Gewissen getan!", erklärt Susi und die anderen Teammitglieder stimmen ihr zu. Nico gelingt es anzuerkennen, dass das Team keinen unnötigen Organisationsaufwand betreibt und schnelle Entscheidungen grundsätzlich etwas Gutes sind. Gleichzeitig zeigt er jedoch auf, dass das Team in der Vergangenheit durch den Pragmatismus Fehlentscheidungen getroffen hat, die dadurch das Team Zeit sowie Energie und dem Unternehmen Geld gekostet haben. Dies wäre zu vermeiden gewesen, meint Niko, wenn das Team sich mehr Gedanken über seine Entscheidungen gemacht hätte. Deswegen schlägt Nico vor, sich grundlegend mit Entscheidungsfindungen zu beschäftigen, und setzt dafür einen Workshop im Team an. Das Team stöhnt auf und ist nicht besonders zufrieden mit der Entscheidung seines Leads.

Schon kurz darauf finden die Teammitglieder sich zum Workshop „Decision Making Process" zusammen. Die Stimmung ist gedrückt, weil der Großteil des Teams den Workshop als Zeitverschwendung betrachtet. Sie werden von Lara als Workshop-Leiterin begrüßt und über den Nutzen des Workshops informiert. Um die grundlegende Natur von Entscheidungen zu erläutern, zeigt Lara interessante Entscheidung aus dem Unternehmen auf, und die Teammitglieder erfahren zum Beispiel, dass die Idee zu ihrem Team aus einem Entscheidungsprozess der Gründer entstanden ist. Durch diese Anlehnung legen sie ihre Vorurteile ein wenig ab. Als Lara intensiv nach dem teamspezifischen Entscheidungsfindungsprozess fragt, gelingt es dem Team, weitere Aspekte anzubringen. Diese Argumente greift Lara auf, indem sie das Team eine konkrete Entscheidung treffen lässt. Der Prozess wird betrachtet und es wird gemeinsam mit dem Team geschaut, was hier verbessert werden kann, um einen „gesunden und reifen Pragmatismus" im Team zu entwickeln. Das Team zeigt auf, dass es nicht langsamer werden, aber bessere Entscheidungen in Zukunft treffen will. Lara betont darauf eingehend, dass die Entscheidungsfindung wahrscheinlich zu Beginn langsamer sein wird, aber mittels Routine die Entscheidungen schneller getroffen werden können und vor allem dann auch im Nachhinein keine Zeit mehr kosten, was bisher nicht einberechnet wurde. Das Team ermittelt folgende Kriterien für seinen Entscheidungsprozess:

1. „Bob knows"-Rule: Sinn der Entscheidung leicht und nachvollziehbar für andere erklären können. „Wenn ‚little Bob' es versteht, habt ihr euer Ziel klar definiert", sagt Lara und erntet Gelächter dafür.

2. „Erst der Bauch, dann der Kopf": Im Team wird festgestellt, dass einige Entscheidungen viel mehr aus dem Bauch und weniger aufgrund der vorliegenden Informationen getroffen wurden. Das hat häufig zu Unstimmigkeiten mit anderen geführt, weshalb die „erste Bauchentscheidung" auf den Informationsgehalt hin geprüft werden soll. Das geht schnell und macht sogar Spaß.

3. „Who and what else but in time": Bisher wurden nicht alle Möglichkeiten ausgeschöpft und ergriffen, weshalb das Team nicht zuverlässig beste Entscheidungen getroffen hat. Das Team kann sich vorstellen, hier mehr Personen oder Ideen einzubeziehen. Dafür möchte es bei jeder Entscheidung festlegen, wie lange es sich für das Einholen von anderen Ideen Zeit nehmen kann, ohne seinen Drive zu verlieren.

Nico, der auch anwesend ist, lächelt vor sich hin. Offenbar lohnt sich der Workshop und das Team schafft es, konkrete Kriterien für zukünftige Entscheidungsfindungen zu erarbeiten. Der Grundtenor bleibt zwar die schnelle und pragmatische Entscheidung, doch die Teammitglieder sehen ein, dass es hier durchaus Tipps und Tricks gibt, die sie im Workshop kennengelernt und für ihr Team festgelegt haben. In den kommenden Wochen wird in Retros das Thema aufgegriffen und reflektiert werden.

Mögliche Herausforderungen
Entscheidungen sind keine Ad-hoc-Situationen und sollten als Prozess gesehen, anerkannt und in die Unternehmensstruktur integriert werden. Ein Decision Making Process benötigt Zeit, damit aus der Implementierung eine Routine werden kann, und sollte besonders zu Beginn von einem geschulten Moderator begleitet werden.

Entscheidungsfindungen sind neben den Bedingungen auch von der Teamdynamik abhängig und sollten flexibel angepasst werden können. Hier sollte der Lead einen guten Überblick über sein Team haben und verschiedene Methoden zur Entscheidungsfindung anbieten können.

Delegation Poker

Schwierigkeit	Aufwand	Zielgruppe
●	●	ᴼᴼᴼ ᴓᴓᴓ

▶   Delegation Poker ist eine Vorgehensweise zur Klärung und Aufteilung von
     Verantwortlichkeiten.

Warum wichtig – Nutzen und Impact

Das Abgeben von Verantwortung und Empowern der Mitarbeiter bekommen in
New-Work-Kontexten einen zentralen Stellenwert. Auf diese Weise können Mitarbeiter
selbstbestimmter arbeiten, ihre Expertise besser einbringen und so selbstständig wie
möglich Entscheidungen treffen. Der größte Impact ist, dass Mitarbeiter sich mehr mit
ihrer Arbeit verbunden fühlen und Führungskräfte sich auf ihre primäre Führungsaufgabe und die strategische Ausrichtung des Unternehmens fokussieren können.

Beschreibung

Die Delegation Level und das dazugehörige Delegation Poker stammt von Jürgen
Appello aus seinem Management 3.0-Ansatz. Im Kern geht es um das Aushandeln
von Verantwortlichkeit zwischen Führungskraft und Mitarbeiter (oder Führungskraft
und Führungskraft). Dabei gibt es sieben verschiedene Delegation Levels, die von
„Anordnen" bis hin zu „Delegieren" in Zwischenstufen aufgeteilt sind. Die sieben Delegation Level sind aus der Perspektive der Führungskraft wie folgt aufgebaut:

1. Verkünden (Ich entscheide alleine und teile die Entscheidung mit)
2. Verkaufen (Ich entscheide alleine und versuche andere zu überzeugen)
3. Befragen (Ich entscheide alleine, werde aber vorher Meinungen einholen)
4. Einigen (Wir entscheiden gemeinsam im Konsens)
5. Beraten (Ich gebe Empfehlungen, die anderen entscheiden)
6. Erkundigen (Die anderen entscheiden alleine, aber ich werde mich nach der Entscheidung erkundigen)
7. Delegieren (Die anderen entscheiden alleine, ohne dass darüber kommuniziert
   werden muss)

Beim Delegation Poker wird gemeinsam das jeweilige Delegation Level für die verschiedenen Projekte und Entscheidungen bestimmt. Dabei geht es um Austausch und
Diskussion auf Augenhöhe. Ganz praktisch funktioniert Delegation Poker so, dass
die entsprechenden Aufgaben und Themenbereiche im ersten Schritt gesammelt und
visualisiert werden. Anschließend wird jeder Punkt besprochen und die Führungskraft sowie die Mitarbeiter überlegen für sich selbst, auf welchem Level sie die Verantwortung sehen. Dann zeigen beide Seiten gleichzeitig ihre Spielkarte oder Nummer
des als passend eingeschätzten Levels der Delegation und es wird gemeinsam über die
Vorschläge und Eindrücke gesprochen. Hierbei kann es vorkommen, dass die Meinungen weit auseinander liegen und miteinander geklärt und abgewogen werden müssen.
Oder die Vorschläge liegen sehr nah beieinander, sodass ohne Diskussion direkt über
den Grad der Verantwortung entschieden werden kann. Im besten Fall kommen beide

Seiten gemeinsam zu einer Entscheidung, sodass die Führungskraft die potenzielle Entscheidungsgewalt nicht ausüben muss. An dem Delegation Poker kann gut die Reife der Führungskraft, des jeweiligen Mitarbeiters (oder des Teams) sowie der gemeinsamen Kommunikation abgelesen werden. Je mehr Vertrauen, Expertise und gutes Einschätzungsvermögen vorliegen, desto besser kann Delegation Poker zu Transparenz und schnelleren Entscheidungen gegenüber normalen Gesprächen über Verantwortung und Entscheidungsspielraum führen.

Tipps zum Implementieren

Wichtig für die Einführung des Delegation Pokers ist, dass die verschiedenen Delegation Level gut verstanden sind und entsprechend präzise angewendet werden. Es bietet sich an, zu Beginn einen Moderator oder Coach das Delegation Poker anleiten zu lassen. Viel zu visualisieren und klare sowie deutliche Aufgabenbereiche zu definieren, ist extrem wichtig, um gute Entscheidungen im Arbeitsalltag treffen zu können. Beispielsweise können in einer Matrix die Entscheidungsbereiche auf der einen Achse und die sieben Delegation Level auf der anderen Achse visualisiert sowie die entschiedenen Ergebnisse dazwischen eingetragen werden. Auf diese Weise entsteht eine gute Übersicht über die Entscheidungsbereiche und Ergebnisse. Vor dem Delegation Poker sollte die Führungskraft sich über den eigenen Führungsstil bewusst werden und das Meeting verantwortungsvoll und im besten Sinne für beide Seite gestalten. Das Benutzen von gekauften, ausgedruckten oder selbst gebastelten Karten für das Delegation Poker ist hilfreich und bringt eine beliebte Gamification in den Prozess.

Beispiel

Ein Team bekommt Tom als neue Führungskraft, der gleichzeitig auch neu im Unternehmen ist. Direkt im ersten gemeinsamen Meeting wird deutlich, dass die Meinungen über die Aufgaben- und Verantwortungsverteilung unterschiedlich sind. Bevor es zum Konflikt kommt, entscheidet sich Tom, das Thema zu vertagen und sich selbst erst einmal über seinen Aufgabenbereich klarer zu werden. Tom geht zu seiner eigenen Vorgesetzten Ute und fragt sie, wie er am besten vorgehen kann, um der Unternehmenskultur entsprechend zu handeln. Ute empfiehlt ihm, zu den Inhouse-Moderatoren und Coaches zu gehen und mit ihnen über die Möglichkeit eines Delegation Pokers zu sprechen. Tom informiert sich dort, ist direkt angetan und bietet dem Team an, gemeinsam ein Delegation Poker über die Aufgaben und Verantwortungsbereiche durchzuführen. Das Team willigt ein und alle bereiten sich auf das Meeting vor. Im Delegation Poker Meeting selbst wird deutlich, dass über bestimmte Aufgabenbereiche wesentlich unproblematischer entschieden werden kann als vorher angenommen. Alle liegen in ihren Einschätzungen sehr nahe beieinander. Mithilfe des Coachs schaffen das Team und Tom gemeinsam, fokussiert Thema für Thema durchzusprechen, die Verantwortlichkeiten zu klären und zu entscheiden, wie viel Freiraum das Team haben wird. Auch wird deutlich, dass bestimmte Themenbereiche noch nicht entschieden werden können, weil Tom derzeit nicht die strategische Übersicht hat, um sich dazu eine fundierte Meinung zu bilden. Es wird vereinbart, die restlichen Themenbereiche in einem Folgemeeting zu besprechen. Tom schafft es dadurch, das Vertrauen des Teams zu gewinnen, obwohl er selbst noch nicht über alle Themenbereiche ausreichend Bescheid weiß. Er zeigt, dass er mit dem Team zusammen gute Lösungen finden will und dass er dafür selbst ausreichend Informationen braucht, um seinen Beitrag professionell einbringen zu können.

Mögliche Herausforderungen

Herausfordernd kann es werden, wenn Delegation Poker mit dem gesamten Team durchgeführt wird. Hierbei ist zu empfehlen, einen Moderator oder Coach für das Meeting hinzuzuziehen. Wenn die Führungskraft nur schwer Verantwortung abgeben kann, funktioniert das Konzept Delegation Poker schlecht, da es hierbei um die Annäherung von Team und Führungskraft geht. Dafür müssen beide Seiten bereit sein, sich inhaltlich auf die andere Position zuzubewegen (vgl. Abb. 2).

Abb. 2 Delegation Poker. (In Anlehnung an Management 3.0)

Design Studio

Schwierigkeit	Aufwand	Zielgruppe
●	●	ooo ⋔⋔⋔

▶ Mit der Methode Design Studio werden iterativ und auf kreative Weise Probleme gelöst und Ideen generiert.

Warum wichtig – Nutzen und Impact

Schnelle und auf gemeinsames Wissen basierende Lösungen sparen Geld und Zeit. Bei Design Studio wird auf die Ideen der Mitarbeiter fokussiert, was deren Motivation und Kreativität fördert und den Teamgeist stärkt. Bei der Methode Design Studio wird nicht die Idee einer einzelnen Person verfolgt, sondern vielmehr die Essenz aus den besten Einfällen und Überlegungen aller Teilnehmenden.

Beschreibung

Design Studio ist eine agile Methode, die ursprünglich aus der Produktentwicklung kommt und inzwischen in vielen modernen Arbeitsprozessen als fester Bestandteil integriert ist. Die Methode stellt iteratives Arbeiten, direktes Feedback und unmittelbares Kondensieren guter Ansätze in den Mittelpunkt.

Sie beginnt mit der sogenannten „Design Challenge", wobei eine bestimmte Problemstellung erörtert und eine Zielsetzung benannt wird.

- Im ersten Schritt skizzieren die Teilnehmenden meistens während einer simplen „Warming Up"-Aufgabe Grundformen wie Kreise, Rechtecke etc., um ggf. Hemmungen vor dem kreativen Prozess abzubauen und sich in das Vorgehen einzufinden.
- Im zweiten Schritt beginnt das inhaltliche Arbeiten: Die Teilnehmenden skizzieren jeder für sich alleine mögliche Problemlösungen, die danach vorgestellt und von den anderen gefeedbackt (= Kritikphase) werden. Hierbei handelt es sich um konstruktives Feedback, beispielsweise was an dem Lösungsvorschlag nicht funktionieren wird oder welche neuen Probleme mit der Lösung auftreten könnten.
- Im dritten Schritt gibt es eine weitere Iteration, in der die Teilnehmenden ihren Lösungsvorschlag weiterentwickeln, indem sie sowohl das Feedback als auch gute Ansätze der anderen in die Weiterentwicklung des Lösungsvorschlages einbinden. Anschließend werden die Ergebnisse erneut vorgestellt und Feedback gegeben. Dieser Prozess kann entweder in einer weiteren Iteration wiederholt werden oder es geht zum nächsten Schritt.

- Im vierten Schritt werden in kleinen Teams die besten Lösungsvorschläge und Ideen kondensiert und zusammengebracht. Die entwickelten Ideen werden erneut vorgestellt und gefeedbackt. Nun kann bei Bedarf eine weitere Iteration durchgeführt werden.
- Im fünften und finalen Schritt wird darüber entschieden, welche Idee bzw. welcher Lösungsvorschlag umgesetzt werden wird.

Mit der Methode Design Studio können häufig bereits nach drei Iterationen neue Lösungsvorschläge gewählt und umgesetzt werden. Je nach Schwierigkeiten bei der Design Challenge, dem zeitlichen Rahmen sowie inhaltlichen Qualität der Zwischenergebnisse können weitere Iterationen zur Verdichtung und Kondensation hinzugefügt werden. Ziel des Prozesses ist dabei immer, die Anzahl der Iterationen so klein wie nötig zu halten. Ein großer Vorteil dieser Methode ist, dass alle Teilnehmenden ihre unterschiedlichen Expertisen einbringen und durch kreatives Iterieren miteinander verbinden. Die Methode bringt neben hervorragenden Ergebnissen häufig auch Spaß und fördert das Teamwork.

Design Studio kann nicht nur im Produkt- und IT-Bereich erfolgreich angewendet werden, sondern grundsätzlich in allen Bereichen, in denen Problemlöser gefunden und neue Ideen schnell entwickelt werden sollen. So können beispielsweise Werbeslogans im Marketing, Mission Statements von Teams oder auch der Unternehmensausflug auf diese Weise schnell erarbeitet werden.

Tipps zum Implementieren

Eine klare Zielformulierung und Problemstellung zu Beginn der Sitzung ist grundlegend für das Gelingen von Design Studio. Bei der Neueinführung ist zu empfehlen, die Methode nicht nur zu erläutern, sondern auch den Ablauf visuell sichtbar im Raum darzustellen. Bei Teilnehmenden, die weder tagtäglich kreativ arbeiten noch gewohnt sind zu zeichnen, macht es Sinn, die Aufwärmphase mit einfachen und motivierenden Aufgabenstellungen zu verlängern. Damit werden Hemmungen genommen sowie die Kreativität entdeckt und erweckt. Das Einbinden eines Moderators ist zu empfehlen, da alle Teilnehmenden sich dann auf den inhaltlichen Prozess fokussieren können und dieser konstruktiv und zielführend ablaufen kann.

Beispiel

Das Frontend Team von Beate hat die Aufgabe bekommen, eine Rabattaktion des Unternehmens gut sichtbar auf der Homepage zu platzieren. „Alle müssen es sofort sehen können" war der Wunsch der Marketingabteilung. Nach einigen Versuchen stellt das Team fest, dass es die Rabattaktion nicht gut einbinden kann und es den Hintergrund und Nutzen der Aktion nicht richtig versteht. Das Team bespricht mit Beate, wie es dieses Problem am besten lösen könnte. Beate hat bereits in anderen Unternehmen häufiger als Teilnehmerin bei der Methode Design Studio mitgemacht und ist überzeugt, dass diese auch hier helfen kann. Da sie sich inhaltlich nicht verpflichtet fühlt, einen Beitrag liefern zu müssen, entscheidet sie sich, die Methode Design Studio selbst zu moderieren. Zusammen mit ihrem Team skizziert sie die Design Challenge und überlegt, welche weiteren Personen zur erfolgreichen Problemlösung herangezogen werden müssen. Sie entscheiden sich, einen weiteren Designer, die Kontaktperson aus dem Marketing und einen Experten der User Experience (= UX) einzuladen.

Beate stellt im Meeting zuerst die Methode ausführlich vor, erklärt die Problemstellung und lässt die Teilnehmenden sich „warmzeichnen". „Heute denken wir mit dem Stift", sagt sie motivierend und beendet das Warming-up. Anschließend führt Beate die grob definierten Schritte der Methode einen nach dem anderen durch. Mit dem vorhandenen Wissen im Raum und guten neuen Impulsen schafft die Gruppe innerhalb von drei Iterationen, zwei gute Möglichkeiten der Integration der Rabattaktion zu erstellen. Nachdem Beate die Teilnehmenden gefragt hat, wie sie über diese beiden Möglichkeiten entscheiden wollen, spricht sich der Großteil dafür aus, das Frontend Team selbst entscheiden zu lassen. Dieses einigt sich schnell, da beide Lösungen gut sind. Das Team kann mit einem durchdachten Ansatz die Rabattaktion in den folgenden Tagen mit Leichtigkeit auf der Homepage einpflegen. Mit Design Studio konnte sichergestellt werden, dass schnell und rechtzeitig gute Lösungen gefunden und integriert werden konnten.

Mögliche Herausforderungen

Es kann herausfordernd sein, Mitarbeiter ohne eigene kreative Impulse dazu zu bringen, an der Methode teilzunehmen. Die Erfahrung zeigt jedoch, dass eigentlich alle Teilnehmenden, sobald sie es ehrlich versuchen, nicht nur Spaß daran entwickeln, sondern auch einen wertvollen Beitrag liefern können. Es geht nicht um künstlerisches Talent, sondern um simplifiziertes und auf das Papier gebrachtes Denken. In den meisten Fällen können Teilnehmende aus verschiedenen Disziplinen und Professionen (s. Hack „Crossfunktionale Teams") zusammen die bestmögliche Lösung finden, da das Problem von unterschiedlichen Seiten im Prozess beleuchtet wird (vgl. Abb. 3).

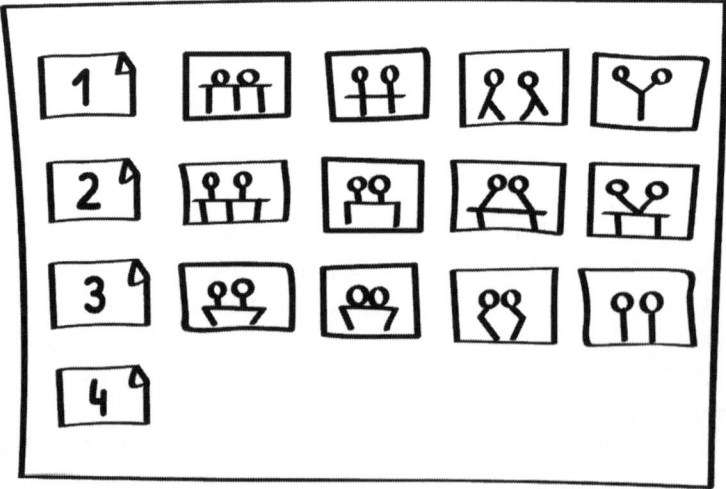

Abb. 3 Arbeiten mit Design Studio

Disruption Option

Schwierigkeit	Aufwand	Zielgruppe
● ●	● ●	○ ○ ○○ ○○○

▶ Die Disruption Option ist die institutionalisierte Möglichkeit, disruptive Ideen einzubringen und vorzustellen.

Warum wichtig – Nutzen und Impact

Wenn ein Unternehmen die Möglichkeit nicht wahrnimmt, sich von innen zu disruptieren (sich selbst zu zerschlagen), wird das stattdessen über kurz oder lang von außerhalb passieren. Mitarbeiter sollten unabhängig von ihrer Rolle und ihren Vorgesetzten die Möglichkeit erhalten, eigene Ideen zu adressieren. Das ist in der heutigen Arbeitswelt zur Potenzialentfaltung der Mitarbeiter und für das Überleben des Unternehmens von fundamentaler Wichtigkeit. Durch beispielsweise eine feste Anlaufstelle in großen Unternehmen besteht nicht die Gefahr, dass brillante Ideen in Hierarchien und Schubladen verloren gehen, sondern sie werden vielmehr geprüft und wertgeschätzt werden.

Beschreibung

Die Grundidee ist simpel: Im Unternehmen muss die Möglichkeit gegeben sein, dass radikale Ideen Gehör finden und nicht aus Vorsicht oder Eitelkeit verloren gehen. In innovativen sowie kleineren Unternehmen herrschen grundsätzlich dafür gute Voraussetzungen: Hohes Vertrauen, wenig Hierarchie und kurze Wege lassen jeden miteinander ins Gespräch kommen. Ideen können schnell nach oben gepitcht werden. In mittelgroßen und großen Unternehmen ist die Ausgangssituation tendenziell anders: Viel Hierarchie und Bürokratie verhindern kurze Wege, das Einhalten von Informationswegen verursacht Hindernisse. Kurzweg: Wer nicht besonders mutig ist oder keinen direkten Kontakt zu Entscheidern hat, hat einen langen Weg vor sich mit seiner radikalen Idee. Disruptiv Option als Anlaufstelle trägt dazu bei, offen, interessiert und unterstützend neuen und vielleicht auch unrealistischen oder utopischen Ideen gegenüber zu sein. Gerade in großen Unternehmen ist die Chance gering, dass eine abgefahrene, utopische Idee eines Mitarbeiters durch gestresste und an den Status quo denkende Führungskräfte weitergegeben und unterstützt wird. Auf diese Weise werden immer wieder disruptive Ideen im Keim erstickt und Mitarbeiter demotiviert. Eine Disruption Option hält dagegen die Idee fest und kann zur Anlaufstelle kreativer, unwegsamer Ideen werden. Gemeinsam können diese geprüft, abgewogen und ggf. konstruiert werden. Über diesen konkreten Mehrwert hinausgehend steht die Disruption Option für deutlich mehr: Das Unternehmen zeigt, dass es sich nicht nur stetig weiterentwickeln will, sondern auch alles dafür tut, die Zukunft des Unternehmens zu sichern. Somit ist die Möglichkeit gegeben, dass sich die Ausrichtung des Unternehmens radikal verändern darf, wenn das eine tatsächliche Option ist und es Sinn macht, dies selbst zu tun, bevor andere das eigene Geschäftsfeld disruptieren. Gleichzeitig hilft die Disruption Option Disruptoren und kritisch denkende Freigeister im eigenen Unternehmen besser wahrzunehmen und anzuerkennen. Diese erhalten eine Stimme und die Möglichkeit, ihre Ideen einzubringen, ohne dass sie das Unternehmen und die derzeitige Rolle verlassen müssen. Ein gutes Beispiel für die unternehmensinterne Disruption Option ist Netflix. Angefangen als DVD-Verleiher, wurde die Idee intern aufgenommen und vorangetrieben, das eigene Geschäftsmodell von innen zu disruptieren. Heute ist Netflix der erfolgreichste Streaming-Anbieter der Welt. Der ehemals unangefochtene Marktführer Blockbuster hingehen hat die eigene Strategie nicht verändert und wurde insolvent.

Tipps zum Implementieren
Ziel und Zweck der Disruption Option ist es, im Unternehmen Möglichkeiten und Offenheit dafür zu schaffen, radikal neue Ideen hervorzubringen und adressieren zu können. In kleinen Unternehmen sollte das transparent gemacht und ggf. als Visual Statement festgehalten werden. In großen Unternehmen kann eine dafür gegründete Anlaufstelle implementiert werden.

Disruptionen werden für viele Mitarbeiter tendenziell als Gefahr und nicht als Chance gesehen. Somit bietet es sich an, deren Mehrwert und potenzielle Chance zu erklären und Hemmungen vor dem Gedanken einer Disruption Option zu verringern. Es ist dabei essenziell, dass die entsprechenden Ansprechpartner nicht nur selbst von der Disruption Option überzeugt sind, sondern auch das Know-how haben, disruptive Ideen von willkürlichen „Wünsch-dir-was-Ideen" zu unterscheiden. Eine Anlaufstelle sollte beispielsweise keine festgelegten Gewinnzahlen erreichen müssen, sondern davon befreit und in enger Korrespondenz mit der Geschäftsführung sich auf die potenziellen Goldgruben und Rettungsringe der durch Mitarbeiter eingebrachten Ideen fokussieren. In der heutigen Welt von Big Data sollten unbedingt Datenexperten (= Data Analysts) im Team der Disruption Option integriert sein.

Beispiel

Ein großes, international tätiges Unternehmen erlebt immer wieder, wie motivierte, kreative und kritisch hinterfragende Mitarbeiter das Unternehmen verlassen. In einer Analyse der HR-Abteilung zeigt sich, dass einige der ehemaligen Mitarbeiter inzwischen erfolgreiche eigene Start-ups aufgebaut haben. Es wird des Weiteren festgestellt, dass zwei dieser neuen Start-ups zu indirekten Konkurrenten geworden und mit einem attraktiveren Produkt zu einem günstigeren Preis auf dem Markt sind. Auf Nachfragen der HR-Abteilung in den Bereichen, in denen die Mitarbeiter zuletzt gearbeitet haben, stellt sich heraus, dass die ehemaligen Mitarbeiter anscheinend frustriert das Unternehmen verlassen haben, da ihre Ideen zur Verbesserung nicht ernst genommen worden waren. Mit der Erkenntnis, dass man die Mitarbeiter womöglich hätte halten können, wenn man ihre Ideen ernst genommen und deren Potenzial geprüft hätte, geht die HR-Abteilung nach Absprache mit ihrem Manager direkt zur Geschäftsführung. Hier stellen sie ihre Analyse und Erkenntnisse vor und betonen, dass sie etwas unternehmen müssen. Die Geschäftsführung ist von der Analyse überzeugt und geht zusammen mit der HR-Abteilung drei Wochen später in Klausur. Ergebnis ist, dass das Unternehmen es sich in Zukunft mehr denn je nicht leisten können wird, innovative und kreative Ideen zu missachten. In der intern durchgeführten Recherche über die beiden konkreten Fälle wird deutlich, dass die jeweiligen Führungskräfte ein Hauptgrund für die fehlende Weiterbearbeitung der neuen Ideen waren. Damit dies nicht mehr geschieht, wird entschieden, dass es eine zentrale Anlaufstelle geben muss. Hier können Ideen, wie abwegig sie auch sein mögen, vorgestellt werden. In den folgenden Wochen wird das Vorhaben verfeinert, zwei geeignete Ansprechpartner gefunden und die „Anlaufstelle für Einhörner" im Unternehmen bekannt gemacht. In den darauffolgenden Wochen werden tatsächlich mehrere Ideen an die Anlaufstelle herangetragen, wovon eine nach Überprüfung und Potenzialeinschätzung mit einem Projektteam erfolgreich umgesetzt wird.

Mögliche Herausforderungen

Es kann eine Herausforderung für Mitarbeiter in großen Unternehmen sein, sich zu trauen, direkt zu einer zentralen Anlaufstelle zu gehen. Gerade wenn der eigene Vorgesetzte die Idee sofort ablehnt, steigt in der Tendenz die Hemmschwelle. Hier ist es wichtig, die Offenheit und Erwünschtheit von Ideen deutlich zu machen. Die Institutionalisierung einer Disruption Option kann schwierig werden, da der direkte Mehrwert und Nutzen nicht gemessen werden können. Es geht vielmehr um das Entwickeln potenzieller Chancen, die in der Zukunft das Überleben des Unternehmens sichern können. Somit wird Disruptive Option zu einer Investition in die Zukunft, die von der Geschäftsführung getragen und unterstützt werden muss. Schwierig kann es werden, wenn die verantwortlichen Personen nicht ausreichend ausgebildet sind und keine Erfahrung mit Innovation haben, da sie ggf. nicht das Potenzial haben, disruptive Ideen zu erkennen. Dem sollte entgegengewirkt werden, indem Weiterbildungen und Wissensaneignung die Aufmerksamkeit und Expertise für das Erkennen und Fördern neuer Ideen erhöhen.

Estimation Poker

Schwierigkeit	Aufwand	Zielgruppe
●	●	ᚱᚱᚱ

▶   Estimation Poker ist eine auf Konsens basierende und gamifizierte Methode
     zur Abschätzung von Arbeitsaufwänden in Teams und Projekten.

Warum wichtig – Nutzen und Impact

Mit Estimation Poker (auch Planning Poker) lässt sich bei richtiger und regelmäßiger
Anwendung der Zeitbedarf besser und konkreter einschätzen. Dadurch können Projekte
und Aufgaben besser geplant und die unterschiedlichen Aufwände genauer erhoben werden. Estimation Poker beteiligt alle am Prozess, erhöht den Lernprozess in Teams und
fokussiert auf die kontinuierliche Verbesserung. Das schafft mehr Zufriedenheit bei Sta-
keholdern und die realistische Erarbeitung von Zielen im gesamten Unternehmen.

Beschreibung

Neben Wissen ist Zeit der wohl höchste Wert in unserer heutigen Arbeitswelt, weshalb
eine gute, schnelle und realistische Zeiterfassung und -einschätzung immer wichtiger
werden. Beim Estimation Poker (auch Planning Poker genannt) handelt es sich um eine
spielerische (= gamifizierte) Methode, in der die unterschiedlichen Teammitglieder ihren
Scope (=Arbeitsumfang) ermitteln, sich und andere einschätzen und in den jeweiligen
Arbeitsweisen besser kennenlernen. Der Fokus der Methode liegt darin, den Prozess im
Team oder Projekt stets zu verbessern, und ist daher eine agile Vorgehensweise.

Estimation Poker kommt in New-Work-Kontexten besonders dann zum Einsatz, wenn
neue Projekte und Aufgaben eingeführt werden, zu denen noch keinerlei Erfahrungen
oder Daten vorhanden sind und wenn unterschiedliches Spezialwissen aus mehreren
Bereichen zusammengetragen werden soll. Beim Estimation Poker gelingt es, unterschiedliche Arbeitsweisen miteinander zu verknüpfen und sowohl für die Teammitglieder
als auch für das Projekt sichtbar zu machen.

Wie der Name bereits sagt, wird dabei in einem Kartenspiel um die verschiedenen
Aufwände von Themen und Aufgaben im Projekt mit einem bestimmten Ablauf und
unter Einhaltung bestimmter Regeln „gepokert":

1. Vorbereitung: Hier erhält jedes Teammitglied (min. drei Spieler) einen Satz Plan-
   ning-Poker-Karten. Indem alle Projektaufgaben angeschaut werden, wird die einfachste Aufgabe als Vergleichsaufgabe gewertet. Mit dieser müssen alle Spieler
   einverstanden sein. Ziel dieser Vorbereitung ist, das gemeinsame Verständnis von Aufwand an einem konkreten Beispiel zu erhöhen bzw. abzugleichen.
2. Durchführung: Dann wird die erste Aufgabe besprochen und vorgestellt. Alle Spieler
   haben die Möglichkeit, Verständnisfragen zu stellen, bis alle Informationen zu dieser
   Aufgabe geklärt und für die Spieler verständlich sind. Daraufhin schätzt jeder Spieler
   für sich den Aufwand dieser Aufgabe. Auf ein Zeichen hin decken alle Spieler ihre
   Karte mit dem gewählten Aufwand auf. Wenn die Spieler die gleichen Aufwände aufzeigen, kann zur nächsten Aufgabe übergegangen werden, da das Team sich in der
   Aufwandseinschätzung einig ist. Ist das nicht der Fall, müssen die Spieler mit dem

höchsten und niedrigsten Wert ihre Wahl begründen. In diesem Gespräch, das nicht länger als zwei bis drei Minuten dauern sollte, findet der eigentliche Lernprozess statt. Danach schätzen die Spieler erneut, bis sich alle auf einen Wert geeinigt haben.

3. Abschluss: Am Ende haben die Spieler alle im Projekt ermittelten Aufgaben kennengelernt und besprochen, die Aufwandsabschätzungen diskutiert, sich auf einen Aufwandswert geeinigt und diesen schriftlich festgehalten. Damit lässt sich gemeinsam definierter Aufwandswert in Relation zur einfachsten Aufgabe ermitteln. Dieser muss dann zeitlich oder nach einem im Team ermittelten Kriterium bestimmt werden.

So werden beim Estimation oder Planning Poker grundlegende Planungsaufgaben erarbeitet, im Team diskutiert und mit der Zeit immer präziser eingeschätzt (s. Hack „Iteratives Arbeiten mit PDCA").

Tipps zum Implementieren
Unerfahrene Teams oder Teams in der Anfangsphase des Estimation Pokers sollten von einem Verantwortlichen angeleitet werden. In der Regel handelt es sich dabei um einen SCRUM Master, Product Owner oder Team Lead, die im besten Fall bereits Erfahrung mit der Methode haben. Aber auch in allen anderen Abteilungen und Teams kann die Methode eingesetzt werden.

Da Estimation Poker auf drei Kriterien abzielt, sollten diese regelmäßig überprüft werden, um den Mehrwert des Vorgehens sicherzustellen. Dabei helfen folgende Fragen: „Konnte der (relative) Schätzwert ermittelt werden?", „Worin besteht der eigentliche Erkenntnisgewinn?" und „Was wissen wir über die Machbarkeit der Aufgabe und Alternativen?".

Jedes Team darf aufgrund seiner Dynamik und Vorlieben Anpassungen beim Estimation Poker vornehmen und sollte diese klar regeln. So ist es beispielsweise dem Team überlassen, in welche Relation es die einfachste Aufgabe setzen will und was genau sein Schätzkriterium ist (z. B. Zeit in Stunden, Tagen, Schichten oder Personen).

Beispiel

Das Team, das für die unternehmensinternen Events zuständig ist, gilt als das Sorgenkind im Unternehmen. Das Team hat viel zu viel Arbeit, es herrscht viel Fluktuation und die Teammitglieder sind unzufrieden. Vor dem letzten großen Event im Jahr wird sogar bis tief in die Nacht und am Wochenende gearbeitet. Als der Lead zum Jahresende kündigt, soll Michael als Head of Events übernehmen und erhält die Aufgabe, das Team wieder auf Kurs zu bringen. Da er aus dem Unternehmen kommt und seine Position intern wechselt, kennt er die Geschichten über das Eventteam und hat selbst erfahren, wie schwer es ist, Deadlines mit diesem zu vereinbaren, die dann auch eingehalten werden. Um mehr Struktur und Klarheit im Team zu schaffen, geht er mit den Teammitgliedern Anfang Februar in der ersten Woche in seiner neuen Rolle direkt in ein Bootstrapping. Dort erarbeiten sie zusammen, welches Hauptbereiche das

Eventteam bedient und welche Aufgaben darin erfüllt werden. Michael ist erstaunt darüber, wie klar das Team hier die einzelnen Aufgabenfelder benennen und unterteilen kann. Seine Annahme, dass das Team mehr Struktur braucht, wird also nicht bestätigt. Da ihm aufgefallen ist, dass vor allem Deadlines nicht eingehalten werden oder besonders stressig für das Team ausfallen, möchte Michael über Estimation Poker herausfinden, wie die jeweiligen Arbeitsaufwände eingeschätzt werden. Er gestaltet das Pokern als kleines Event und erntet damit sofort Anerkennung, weshalb sich alle neugierig darauf einlassen. Keines der Teammitglieder hat bisher um seine Aufwände gepokert und alle setzen sich mit Sonnenbrille oder Schirmmütze an den Tisch. Sie einigen sich auf Stunden als Messwert für den Zeitaufwand. Das Team beginnt die für dieses einfachste bzw. am kürzesten bemessene Aufgabe aus den gesammelten Punkten zu ermitteln. Nach einigen Diskussionen kann sich das Team schließlich doch einigen und Michael denkt „Bingo!" – offenbar hat er hier den Nerv getroffen und ist auf dem richtigen Weg. Er verteilt die Kartensets und legt dann mit der ersten Aufgabe los, die er wie ein Croupier auf den Tisch schiebt. Das Team kichert und die schlechte Laune der Diskussion ist ein wenig verflogen. Auch wenn das Pokern viel Spaß macht, stellen die Teammitglieder erstaunt fest, wie unterschiedlich ihre Einschätzungen sind. Nicht selten brauchen sie zwei bis drei Pokerrunden, bis sie sich einigen. Einmal ruft Emma hitzig aus, ob Paul denn überhaupt wisse, wie lange sie bei dem Flyer auf Rückmeldungen von allen möglichen Leuten warte und dass zwar die Erstellung selbst nicht viel Zeit in Anspruch nicht, aber die Absprachen dafür umso mehr. Die Erkenntnis nach dem Poker ist, dass die Zeit für Absprachen und Rückmeldungen vom Team nicht in die Deadline-Planung aufgenommen wird und daher kein realistischer Zeitaufwand zustande kommt. Das Team stellt fest, dass es hier Zeit anders planen, aber auch bei Rückmeldungen Deadlines kommunizieren muss. Zudem wird Michael beauftragt herauszuarbeiten, wo wirklich Rückmeldungen benötigt werden und wo das Eventteam selbstständig entscheiden kann.

Mögliche Herausforderungen
Auch beim Estimation Poker sollten Skepsis und mögliche Vorurteile erst einmal besprochen werden, da die Methode nur funktioniert, wenn sie von den Teammitgliedern anerkannt wird. Daher ist es notwendig, das Vorgehen und die Vorteile nachvollziehbar zu erläutern. Auch die Begleitung des Planning Pokers in der Anfangsphase ist sinnvoll.

Eine Schätzung kann nur realistisch erfolgen, wenn das spezifische Fachwissen im Team vorhanden ist. Es muss also vor der Anwendung sichergestellt werden, dass die „richtigen" Personen mitpokern und ihre Aufgaben kennen. Beim Estimation Poker muss für eine respektvolle und faire „Spielatmosphäre" gesorgt werden, um allen Spielern eine ehrliche Einschätzung zu ermöglichen (vgl. Abb. 4). Es ist zudem gewinnbringend, wenn das Team versteht, dass es weniger ums Pokern als um die Diskussion der Aufgaben und das Ermitteln der jeweiligen Arbeitsweisen geht. Estimation Poker lebt vom Lernprozess des Teams.

Abb. 4 Schätzen mit dem Estimation Poker. (In Anlehnung an Planning Poker®, Mountain Goat Software)

Feedback-Kultur

Schwierigkeit	Aufwand	Zielgruppe
●●	●●●	👥 + 👥👥👥👥👥

▶ Feedback-Kultur bedeutet, dass im Unternehmen das Geben und Nehmen von Rückmeldungen als wesentliche Kompetenz betrachtet wird, um sich und das Unternehmen weiterzuentwickeln.

Warum wichtig – Nutzen und Impact

Durch Feedback können sich das Unternehmen sowie seine Mitarbeiter weiterentwickeln und kontinuierlich verbessern. Feedback zu geben, regt dazu an, sich bei der gemeinsamen Arbeit, im eigenen Team und Unternehmen stets kritisch zu hinterfragen und zu verbessern. Das schafft ein konstruktives Miteinander. Persönliches und fachliches Feedback zu erhalten, motiviert, an sich zu arbeiten, sich weiterzuentwickeln und seine blinden Flecken (Blind Spots) zu entdecken.

Beschreibung

In New-Work-Kontexten ist es eine Grundprämisse im Arbeiten, sich selbst und sein Unternehmen kontinuierlich zu verbessern und weiterzuentwickeln. Dies ist möglich, wenn die Mitarbeiter es gewohnt sind, sich gegenseitig Feedback zu geben und dieser Umgang sowohl in der Unternehmenskultur als auch in den Strukturen des Unternehmens verankert ist. Dabei ist aber vor allem wichtig, dass alle Mitarbeiter wissen, was Feedback im Unternehmen bedeutet und wie es konstruktiv an den Unternehmenswerten angepasst eingebunden werden kann (s. Hack „Prime Directive").

Bis Feedback sich als eine Grundlagenkompetenz entwickelt hat, muss es regelmäßig in verschiedenen Kontexten und in Richtung verschiedener Rollen/Funktionen im
Unternehmen geübt, ausprobiert und erlernt werden. Konstruktives Feedback schafft so
Kommunikation auf Augenhöhe, fördert die Lernbereitschaft von Einzelnen und Teams
und trägt zum Wachstum des Unternehmens bei. Dabei geht es nicht darum, Schwächen
und Fehler anderer aufzuzeigen, um daraus einen Vorteil zu ziehen, sondern sich gegenseitig zu challengen, anzuspornen und miteinander zu lernen. Feedback sollte als wesentlicher Bestandteil im Unternehmen anerkannt werden. In der Regel wird Feedback in
Mitarbeitergesprächen einmal oder zweimal im Jahr gegeben, was nicht dem ursprünglichen Gedanken von Feedback entspricht. Vielmehr handelt es sich hier um Bewertungs-
gespräche, die top-down geführt werden. Feedback beinhaltet im Gegensatz dazu ein
Nehmen und Geben von Rückmeldungen, die auf Wertschätzung, Verbesserung und
Förderung abzielen. So stellen einzelne Methoden wie das 360-Grad-Feedback zwar
Handlungsweisen zum Feedback dar, sind aber für eine Feedback-Kultur im Unternehmen
nur ein wichtiges Element von mehreren. Regelmäßiges, zeitnahes und zur Weiterentwicklung anregendes Feedback ein wichtiges Element einer gelebten Feedbackkultur.

Tipps zum Implementieren

Um Feedback als Kultur im Unternehmen als festen Bestandteil einzuführen, ist es
zunächst wichtig, dass alle Mitarbeiter verstehen, was Feedback eigentlich ist, wie es
gegeben und angenommen wird und wie es dem Miteinander nutzen kann. In Feedback-Schulungen, die alle Mitarbeiter erhalten sollten, kann dafür eine Basis geschaffen
werden. Es ist zu empfehlen, Feedback als festes Element im Weiterbildungsprogramm
des Unternehmens zu verankern.

Grundsätzlich ist im Unternehmen ebenfalls zu erarbeiten, wann, wo und wie Feedback gegeben werden kann. Dafür ist es bedeutsam, dass bestimmte Feedbackmeetings (s.
Hack „Retrospektiven") auf unterschiedlichen Ebenen durchgeführt und in den Arbeitsalltag integriert werden. Erst auf diese Weise können Mitarbeiter Feedback regelmäßig
anwenden, üben und im Unternehmen konstruktiv ausleben. Ebenso sollten Lead und
Mitarbeiter in regelmäßigen und vorab vereinbarten Feedbackgesprächen die Möglichkeit
erhalten, auf vertrauensvoller Basis die gemeinsame Arbeit zu reflektieren, neue Lernziele
zu ermitteln und Verbesserungswünsche zu formulieren. Weiter besteht die Möglichkeit,
durch organisierte Tandem- oder Mentoren-Arbeit einen Rahmen zu schaffen, in dem sich
Mitarbeiter gegenseitig Feedback geben und hören wollen. Hier können die Mitarbeiter
selbst entscheiden und erarbeiten, wie sie Feedback geben und nehmen wollen.

Auch kann Feedback als Teil der Besprechungsregeln (s. Hack „Meeting Rules") aufgenommen und visualisiert werden. Je nach Team sind die Umgangsformen zum Feedback anzupassen und festzulegen.

Des Weiteren sollte die Unternehmensführung regelmäßig zeigen, dass sie an Feedback
interessiert ist und dieses selbst auch konstruktiv zurückgeben kann. So können Meetings
organisiert werden, bei denen das gesamte Unternehmen teilnehmen kann und Fragen und
Anregungen der Belegschaft aufgegriffen werden (s. Hack „Ask Me Anything").

Jonas aus dem Dev-Ops Team kommt regelmäßig zu spät zum morgendlichen Daily. Er entschuldigt sich zwar dafür, verändert jedoch nicht sein Verhalten. Nach einiger Zeit beginnen die Kollegen, ihm Vorwürfe zu machen, und werden zunehmend unhöflicher im Ton. Dennoch ändert sich nichts. Jonas' Teamkollege Arne nimmt an den neu eingeführten Feedback-Schulungen im Unternehmen teil: Dort lernt er die verschiedenen Facetten von konstruktivem Feedback und die dafür notwendige Rahmenbedingungen kennen. Er lernt auch, wie wichtig das Timing für das Übermitteln von Feedback sein kann. Als am nächsten Morgen das Daily beginnt und Joans wieder mal nicht pünktlich ist, schlägt er den anderen vor, den Unpünktlichen heute einfach freundlich zu begrüßen, inhaltlich abzuholen und das Gespräch über das Zuspätkommen zu einem späteren Zeitpunkt zu führen. Gesagt, getan. Jonas wird freundlich begrüßt, über die bereits besprochenen Inhalte informiert und das Daily wird einfach weitergeführt. Arne schlägt vor, sich am Nachmittag einmal zusammenzusetzen und über das Team und die Zufriedenheit miteinander zu sprechen. In diesem Meeting gelingt es den Teammitgliedern zu adressieren, weshalb sie das Zuspätkommen so stört, und Jonas erklärt anschließend, weshalb er immer zu spät kommt. In diesem Gespräch stellt sich heraus, dass es sinnvoll ist, das Daily um eine halbe Stunde nach hinten zu verschieben. Da das Feedback und das Gespräch nicht in der Situation selbst geführt wurden, sondern zeitlich versetzt, konnte konstruktiv und zielführend miteinander gesprochen werden. Dass das Team so vorgehen konnte, basierte auf dem neu gewonnenen Wissen aus der Feedback-Schulung. Das Team konnte gleichzeitig auch noch andere Punkte ansprechen und klären. Da alle Teammitglieder das Meeting als hilfreich einschätzen, entscheiden sie, in Zukunft regelmäßig solche Treffen durchzuführen, um schneller Unzufriedenheit und Veränderungswünsche anzusprechen.

Mögliche Herausforderungen

Die Awareness für Feedback als Unternehmenskultur und Möglichkeit zur Verbesserung ist nicht allen zugänglich oder wird als bereits im Unternehmen integriert betrachtet. Aussagen wie „Das machen wir doch schon", „Es gibt doch Mitarbeitergespräche." oder „Wir sagen uns schon gegenseitig die Meinung." sind dafür ein Indiz. Allerdings bedeutet Feedback, das konstruktiv und auf Verbesserung ausgerichtet ist, dass es als eine Art Denkweise beim Arbeiten übernommen werden sollte. Hier geht es nicht darum, einmal im Jahr eine Bewertung vom Vorgesetzten zu erhalten, sondern aktiv darüber nachzudenken, wie Verbesserungen eingeführt, Mitarbeiter gefördert und wie gemeinsam bei Fehlern gelernt werden kann. Das bedeutet, dass Mitarbeiter ebenso Feedback an ihre Leads geben können oder gegenseitig unter Teammitgliedern Beobachtungen geäußert werden können. Feedback bezieht sich nicht nur auf den Umgang miteinander, sondern auch auf die Strukturen und Rahmenbedingungen.

Flexible Arbeitsmodelle

Schwierigkeit	Aufwand	Zielgruppe
● ●	● ●	٥٥٥٥٥٥٥ ጠጠጠ

▶   Flexible Arbeitsmodelle ermöglichen die auf die Bedürfnisse des Mitarbeiters
und des Unternehmens ausgerichtete Gestaltung von Arbeit.

Warum wichtig – Nutzen und Impact
Flexible Arbeitsmodelle anzubieten und gemeinsam mit den Mitarbeitern zu entwickeln,
hilft den Unternehmen, die Attraktivität, Bindung zum Unternehmen und das Vertrauen
auf beiden Seiten zu fördern. Es ermöglicht eine erhöhte Work-Life-Balance sowie
Zufriedenheit der Mitarbeiter. Durch die Ausrichtung auf die Bedürfnisse der Mitarbeiter
können diese sich die Arbeitszeit freier sowie selbstbestimmter einteilen und dadurch
effektiver und konzentrierter arbeiten. Das kann zu weniger Fehlstunden, Krankheits-
tagen und mehr Motivation der Mitarbeiter führen.

Beschreibung
Um die Attraktivität des Unternehmens zu steigern und auch jungen Nachwuchs anzu-
ziehen, wird es zunehmend wichtig, flexible Arbeitsmodelle anzubieten. Unternehmen
in New-Work-Kontexten sind diesbezüglich inzwischen gut aufgestellt und bieten einige
der hier vorgestellten Arbeitsmodelle an, während klassische Unternehmen sich mit
der flexiblen Gestaltung schwerer tun. Die Art und Weise, wie wir heute arbeiten und
welche Anforderungen wir an die Arbeit stellen, hat sich verändert. Heutzutage ist es
nicht mehr ausschließlich notwendig, für die Erledigung seiner Arbeit vor Ort zu sein.
Auch ist der Faktor Gehalt nicht mehr ausschlaggebend und wird um die Möglichkeit
zur persönlichen Weiterentwicklung und einer zufriedenstellenden Work-Life-Balance
stetig ergänzt. Als Wissensarbeiter möchten Mitarbeiter gefordert und gefördert werden,
was sie sowohl am Arbeitsplatz als auch darüber hinaus von ihrem Arbeitgeber erwarten.
Daher sind Unternehmen in immer stärkerem Maße dazu aufgefordert, angepasste
Arbeitsmodelle zu entwickeln, die ihren Mitarbeitern, aber auch dem Unternehmen
dienen. Dabei liegt der Fokus vor allem auf der flexiblen Gestaltung von Arbeitsort, -zeit und -funktion. Auf diesen Ebenen können die unterschiedlichsten Varianten
gemeinsam mit den Mitarbeitern vereinbart und weiterentwickelt werden. Es handelt
sich überwiegend um vertrauensbasierte Modelle, die an die Bedürfnisse angepasst,
individualisiert und freier sind: Wissensarbeit benötigt auch Wissensarbeitsmodelle.

Neben klassischen Teil- oder Gleitzeitmodellen werden Modelle wie die folgenden interessant: Homeoffice, Co-Working Spaces, Remote Work, Functioning Time (Summer-/Winterwork), Job Sharing (Jobsplitting and -pairing), Vier-Tage-Woche, freier/ unbegrenzter Urlaub, (Mini)Sabbaticals oder Interim-Anstellungen.

Tipps zum Implementieren
Um flexible Arbeitsmodelle erarbeiten zu können, ist es wichtig, dass das Unternehmen nach den Bedürfnissen der Mitarbeiter fragt und diese solche auch benennen können. Das setzt Offenheit und Zuverlässigkeit voraus. In einigen Fällen macht es Sinn, dass sich der HR-/People-/Talent- und Organization-Bereich mit der Arbeitsrechtsabteilung zusammensetzt und grundlegende Rahmenbedingungen erarbeitet. Das erleichtert die Entwicklung von flexiblen Modellen, die auch den Anforderungen des Arbeitsmarktes entsprechen. Ebenso schafft es Transparenz darüber, was das Unternehmen leisten kann und inwiefern Modelle an die Bedürfnisse der Mitarbeiter angepasst werden können. Viele Unternehmen gehen mittlerweile dazu über, unternehmensinterne Arbeitsmodelle einzuführen, die der Branche entsprechen. Die Versicherungsgesellschaft AXA hat hier bereits eine ganze Reihe an unterschiedlichen Modellen hervorgebracht, die Arbeitszeit und -ort in den Fokus nehmen, aber auch das Alter ihrer Mitarbeiter einbeziehen.

In jedem Fall sind das Interesse des Unternehmens und die Ehrlichkeit der Mitarbeiter gefragt, um solche Arbeitsmodelle erfolgreich zu verwirklichen. Vertrauen und ausreichend Transparenz sind hierfür eine wichtige Grundlage. Die Bedürfnisse können über Befragungen (s. Hack „Mood Check", „Feedback-Kultur") ermittelt werden und Aufschluss über die Zufriedenheit mit dem sowie die Bindung der Mitarbeiter an das Unternehmen geben.

Beispiel

Als Praktikantin hat Hanna in dem IT-Unternehmen in Berlin begonnen (Internship) und dann während des Studiums als Freelancerin gearbeitet. Nach ihrem Hochschulabschluss wechselt sie in eine Vollzeitstelle als Designerin. Vor einem Jahr hat sie sich sogar zum Lead entwickelt und trägt nun mehr Verantwortung. In ihrem Team verläuft die Zusammenarbeit gut, da sowohl die Team Vision als auch das Mission Statement den Teammitgliedern klar sind. Dennoch merkt Hanna, dass sie aufgrund ihrer neuen Rollen stärker eingespannt ist und dadurch häufiger in ihrer normalen Arbeit unterbrochen wird. Das stört sie, weil sie nicht mehr so effektiv arbeiten kann, wie sie es gewohnt ist. Auch das Desk-Sharing-Modell sowie die verschiedenen Arbeitsräume im Unternehmen ändern daran nicht viel – sie wird weiterhin regelmäßig von ihrer Arbeit abgelenkt. Durch Zufall entdeckt Hanna, als sie einen halben Tag zu Hause auf einen Handwerker wartet, dass ihr Team sie nicht ständig ablenkt, nach ihrer Meinung fragt oder einen Rat braucht, wenn sie nicht vor Ort ist. So schafft sie es, viel konzentrierter und effektiver ihre Arbeit zu erledigen. In ihrem One-on-one mit ihrem Mentor berichtet sie von dieser

Entdeckung und dieser rät ihr, Homeoffice mit ihrem Team und Unternehmen zu vereinbaren. Verunsichert, ob das möglich ist, da dieses Modell bisher nur bei Eltern im Unternehmen angewendet wird, fragt sie bei der Geschäftsführung nach. Ihre Argumentation, dass sie so einen Tag zur konzentrierten Arbeit hätte und ihr Team selbstständiger arbeiten würde, kann überzeugen und sie arbeitet von da an am Donnerstag von zu Hause aus. Nach einem Jahr geht sie sogar zu einer Vier-Tage-Woche über, um ihre Ausbildung zur Yogalehrerin intensivieren zu können.

Mögliche Herausforderungen

Neben den rechtlichen Rahmenbedingungen, die von der Rechtsabteilung mit ergründet und abgesteckt werden müssen, besteht die Herausforderung darin, die bestehende Unternehmenskultur und Individualität der Mitarbeiter in Modellen zusammenzubringen. Das erfordert Absprachen und Arbeit auf beiden Seiten, weshalb sich hier eine Arbeitsgruppe oder ein Team anbietet, das den Fokus regelmäßig auf Anpassung und Neuentwicklung von Arbeitsmodellen legt.

Zuverlässigkeit und Transparenz der Mitarbeiter werden in den vertrauensbasierten Modellen sehr wichtig und erfordern Eigenverantwortung. Anhand von klaren Vereinbarungen können die Mitarbeiter ermitteln, ob sie ihre Aufgaben erfolgreich erledigen und Deadlines einhalten können.

Fuck up Events

Schwierigkeit	Aufwand	Zielgruppe
●	●	⌒⌒⌒⌒⌒

▶ Fuck up Events sind moderierte Veranstaltungen, bei denen über Versagen und Fehler im eigenen Business berichtet wird.

Warum wichtig – Nutzen und Impact

Fuck up Events tragen dazu bei, dass die Fehlerkultur gefördert und der Umgang mit Fehlern gelernt wird. Es wird offen über Versagen und Fehler gesprochen, um daraus zu lernen und Lösungen zu erarbeiten. Durch Fuck up Events übernehmen die Verantwortlichen Verantwortung für ihre Fehler, reflektieren ihr Versagen und zeigen Lernerkenntnisse daraus auf. So kann voneinander gelernt werden, um in Zukunft besser vorbereitet zu sein und solche Fehler zu vermeiden.

Beschreibung

Fuck up Nights sind mittlerweile ein bekanntes Konzept, das es weltweit und in vielen Städten Menschen ermöglicht, über Fehler und Versagen zu sprechen. Begonnen hat es mit einer Idee von fünf Freunden aus Mexiko-Stadt: Sie organisierten Abende, an denen Geschichten von beruflichem Scheitern als ein Event inszeniert wurden. Das Konzept wurde bereits in 304 Städten und 80 Ländern durchgeführt. Ein Unternehmen kann dieses Konzept als interne Veranstaltung in seiner Grundidee aufgreifen und für sich nutzbar machen. In moderierten und organisierten Veranstaltungen, die regelmäßig im Unternehmen (oder auch darüber hinaus) stattfinden, werden zwei bis vier „Fuck up Geschichten" berichtet, die Konsequenzen dargestellt und Erkenntnisse abgeleitet. Die Mitarbeiter erhalten die Möglichkeit, dem Redner Fragen zu stellen. Der Fokus eines Fuck up Events im Unternehmen liegt auf der Darstellung der daraus entstandenen Konsequenzen und Erkenntnisse. Die Veranstaltung folgt einem vorab definierten Ablauf und kann methodisch variieren. In einem internen Fuck up Event soll die Fehlerkultur im Unternehmen aufgegriffen und begreiflich gemacht werden. Gleichzeitig soll das Event dazu anregen, mutiger zu handeln und sich weiterzuentwickeln, um sich aus der eigenen Komfortzone herauszubewegen.

Tipps zum Implementieren

Um Fuck up Events im Unternehmen nutzbar zu machen, ist es wichtig, dass diese von erfahrenen Moderatoren geplant und durchgeführt werden. In dem regelmäßigen und institutionalisierten Format sollte den Teilnehmenden der Hintergrund der Veranstaltung erläutert und der Nutzen dahinter ersichtlich gemacht werden. Bei internen Fuck up Events bietet es sich an, ein übergeordnetes Thema zu definieren und die „Fuck ups" dahingehend auszuwählen. So kann systematischer dargestellt werden, welche Konsequenzen dieser Fehler für das Unternehmen hatte, wie damit umgegangen und was daraus gelernt wurde. Durch die Events kann anhand der Offenlegung von „Fuck ups" eine gelebte Fehlerkultur im Unternehmen implementiert werden. Das Unternehmen zeigt, dass Fehler nicht verschleiert werden und konstruktiv damit umgegangen wird, was das Vertrauen der Mitarbeiter erhöht. Die „Fuck up Inhaber" sollten bei der Vorbereitung auf das Event unterstützt werden. So können sie sich mit den eigenen Fehlern auseinandersetzen, konkrete Erkenntnisse benennen und Lösungen aufzeigen, die dem Unternehmen sowie Mitarbeitern helfen, die gleichen Fehler zu vermeiden. Es macht Sinn, das Fuck up Event in einen klaren und definierten Ablauf zu bringen und den Fokus auf Learnings und Erkenntnisse zu legen, um den konstruktiven Mehrwert einer solchen Veranstaltung zu rechtfertigen. Ebenso sollten die Inhaber von Schlüsselpositionen eines Unternehmens regelmäßig an diesen Veranstaltungen teilnehmen, um das eigene Commitment sowie den Umgang mit Fehlern im Unternehmen aufzuzeigen.

Kathrin arbeitet erst seit einigen Monaten im Unternehmen, hat die Probezeit noch nicht ganz hinter sich und fürchtet unterschwellig, einen großen Fehler zu machen. Daher arbeitet sie überdurchschnittlich viel, ist den Kolleginnen gegenüber teilweise verbissen und ärgert sich bei kleinsten Fehlern sehr über sich und ihr Team. Ihrer Mentorin fällt dieses Verhalten auf und in einem Gespräch spricht sie Kathrin darauf an. Kathrin gesteht, dass sie ihr vorheriges Unternehmen verlassen hat, da sie den dortigen Umgang mit Mitarbeitern, die Fehler begangen haben, nicht mehr ertragen konnte. Hier wisse sie aber nicht wirklich, wie damit umgegangen wird, und alle Kolleginnen wirkten so unbekümmert. Die Mentorin berichtet ihr daraufhin, dass im Unternehmen seit ein paar Jahren eine aufrichtige Fehlerkultur gelebt wird, und lädt Kathrin zum nächsten „Fuck up Meetup" ein. Diese verzieht das Gesicht und meint, dass sie diese Art von Events nicht mag, da dort das Scheitern ja noch als ein Kunststück gefeiert werde. Ihre Mentorin kichert und bittet sie, die Veranstaltung mit ihr zusammen zu besuchen. Einige Wochen später erhält Kathrin eine Einladung, in der die Zielsetzung und das übergeordnete Thema erläutert werden. In dem nächsten „Fuck up Meetup" soll es speziell um Marketingstrategien eines Produktes gehen, das ihrem sehr ähnlich ist. Das ist aber ziemlich speziell, denkt Kathrin und ihre Neugierde ist geweckt. Das Fuck up Event wird in den Meeting-Räumen des Unternehmens geführt und die Teilnahme ist nur für Mitarbeiter möglich, da unternehmensspezifische Strategien dargestellt werden sollen. Die Veranstaltung beginnt in einer lockeren, aber doch formalen Atmosphäre am späten Donnerstagnachmittag. Ein Moderator stellt in der Einführung den Ablauf sowie die „Fuck ups" vor. In den „Fuck up Geschichten" werden sowohl die Fehler als auch Konsequenzen berichtet. Dem Moderator gelingt es, die Fragen des Publikums konstruktiv zu kanalisieren, wodurch weitere Perspektiven deutlich und durch die Erfahrungen der Teilnehmenden neue Lösungsansätze erkennbar werden. Diese Erkenntnisse werden in einem Themenspeicher gesammelt. Auch Olaf, Head of Communication, sitzt im Publikum und schreibt mit. Am Ende der Veranstaltungen werden die Erkenntnisse und Lösungen wie bei einer Vernissage im Raum aufgehängt und alle haben die Möglichkeit, bei einem Glas Sekt, Wein oder Bier ins Gespräch mit den Kolleginnen und „Fuck up Inhabern" zu kommen. Kathrin hört vielen Gesprächen zu und kann dadurch einige Fragen für sich beantworten, die ihr helfen, ihren Umgang mit Fehlern zu hinterfragen und mehr Selbstvertrauen zu gewinnen. Am Ende lächelt ihre Mentorin sie an und fragt sie, ob das Event so schrecklich wie angenommen gewesen sei. Es habe den Fokus deutlicher auf die Lernerkenntnisse gelegt, als Kathrin angenommen habe. Das Format sei bewusst immer so oder ähnlich aufgebaut, erklärt ihr die Mentorin. Andere Formen hätten im Unternehmen mehr Unmut ausgelöst und seien nicht konstruktiv gewesen. Kathrin nimmt sich vor, regelmäßig interne Fuck up Events zu besuchen.

Mögliche Herausforderungen

Fuck up Events sehen sich zunehmend in der Kritik, unreflektiert das eigene Versagen, Scheitern und die begangenen Fehler zu feiern und zu zelebrieren. Interne Fuck up Events sollten daher durch die Organisation, Ausrichtung und Moderation der Veranstaltung solchen Vorurteilen entgegenwirken. Eine klarer Ablauf, ein bestimmtes Thema und ein geschulter Moderator sind hier grundlegend, um eine konstruktive Auseinandersetzung mit Fehlern zu ermöglichen. Der Moderator sollte in der Lage sein, bei den Darstellungen kritisch nachzufragen, ohne die berichtende Person zu stigmatisieren. Sowohl der Moderator als auch der „Fuck up Inhaber" sollten Fragen aus dem Publikum souverän begegnen können. Das bedeutet, dass sie Zeit und Unterstützung erhalten sollten, um sich mit dem eigenen Scheitern auseinandersetzen zu können. Ebenso brauchen sie Informationen über unterschiedliche Konsequenzen, die der „Fuck up" im Unternehmen hatte.

Eine Fokussierung auf die Lösungen und Erkenntnisse aus dem „Fuck up" ist wichtig und diese sollten auch in der Veranstaltung festgehalten werden, damit die Mitarbeiter darauf zugreifen können. Hier helfen unterschiedliche Methoden, die auf das Unternehmen und die Bedürfnisse der Mitarbeiter ausgerichtet sind.

Golden Circle

Schwierigkeit	Aufwand	Zielgruppe
●	●	$\stackrel{o}{\wedge}$ + $\stackrel{o\,o\,o}{m}$ + $\stackrel{o\,o\,o\,o\,o\,o}{mmm}$

▶ Der Golden Circle verbildlicht die Wichtigkeit, den Sinn in der Arbeit zu sehen und formulieren zu können. Daher sollte immer mit dem WARUM begonnen werden.

Warum wichtig – Nutzen und Impact

Zu wissen, warum – also aus welchem tiefliegenden Grund – man etwas tut oder warum man dafür arbeitet, hilft, das eigene Verhalten, die eigenen Bedürfnisse und Wünsche sowie die Motivation anderer besser zu verstehen. Das unterstützt dabei, Entscheidungen bewusster und schneller zu treffen sowie für andere begreifbar zu machen.

Beschreibung

Der Golden Circle ist von Simon Sinek entwickelt worden. Er hat sich gefragt, was verschiedene Leader und Unternehmen so erfolgreich macht und wie sie sich von ihren Konkurrenten unterscheiden. Dabei ist ihm aufgefallen, dass erfolgreiche Leader sich vornehmlich darin unterscheiden, wie sie denken, sich verhalten und kommunizieren. Für sie steht dabei vor allem ihr WARUM im Mittelpunkt und beeinflusst ihr gesamtes Verhalten (= Purpose-driven Work). In seiner Analyse stellte er fest, dass diese Leader genau begründen konnten, warum sie sich so verhalten oder vorgehen, wie sie es tun. Dadurch wirkten sie nicht nur in ihren Zielsetzungen sehr klar, sondern konnten ihre Beweggründe auch für ihre Mitarbeiter verständlich machen.

Aus dieser Erkenntnis entwickelte Sinek den „goldenen Kreis" bzw. Golden Circle, in dem er das Verhalten von erfolgreichen Leadern und Unternehmen in drei Ringen beschreibt: das WHY – also WARUM, das HOW – also WIE, und das WHAT – also WAS. Die wesentliche Aussage ist, dass die Sinnhaftigkeit den goldenen Kern des Kreises darstellt und daraus erst das Tun abgeleitet wird. Er zeigt auf, dass bei allen Entscheidungen, Verhalten und Handlungen im Unternehmen stets mit der Frage nach dem WARUM angefangen werden sollte → „always start with the WHY!". So können Mitarbeiter inhaltlich abgeholt werden und die Vision verstehen. Die Identifikation mit dem WARUM kann so auf allen Ebenen viel leichter, schneller und nachhaltiger geschehen. Diese Vorgehensweise schafft Sicherheit und Vertrauen im Unternehmen und bewirkt, dass Mitarbeiter motivierter arbeiten.

Im Golden Circle ist es entscheidend zu wissen, WARUM man etwas tut: Der Kern schließt also das WARUM ein, was Intuition, Motivation, Glaubenssätze und Inspiration beschreibt. Häufig handelt es sich dabei um Beschreibungen, die aus der innersten Überzeugung heraus entstehen. Diese sind nicht immer konsistent erklärbar und daher nicht nur einfach zu formulieren. Der zweite und dritte Kreis stellen im Golden Circle das WIE und das WAS dar: Dabei sind beim HOW, also WIE, die Art der Umsetzung und die Prozesse dahinter gemeint, während das WHAT, also WAS, die Ratio, das eigentliche Tun und die möglichen Ergebnisse beinhaltet. Damit kann grundlegend Purpose-driven Work betrachtet und für sich selbst sowie das eigene Unternehmen benannt und genutzt werden.

Tipps zum Implementieren

Der Golden Circle allein bietet bereits eine gute Systematik, die Entscheidungen, Verhalten oder Strategien im Unternehmen auf die drei Aspekte WHY, HOW und WHAT zu überprüfen. Simon Sinek stellt hier eine einfache und leicht nachvollziehbare Struktur dar. Dabei müssen nicht alle Aspekte an die Mitarbeiter weitergegeben werden, aber die Veranschaulichung hilft dabei, das eigene Verhalten und die Beweggründe dahinter besser zu verstehen. Häufig hilft es auch, die drei Ringe in einem Coaching bewusst zu erarbeiten und zu visualisieren. Der Golden Circle zielt sehr fokussiert auf Purpose-driven Work ab und schafft mehr Bewusstsein für die eigene Intuition. Der Leitsatz „always start with the WHY" kann als Konzept Unterstützung bieten, um notwendige Veränderungen im Unternehmen begreifbar zu machen und zu erklären. So können eigene Überlegungen und Entscheidungen basierend auf dem Golden Circle aufgebaut und kommuniziert werden. Es bietet sich an, den Golden Circle in Zielsetzungsworkshops einzubinden, um mit kongruenten und nachvollziehbaren Entscheidungen die Mitarbeiter im Unternehmens besser abzuholen und die Qualität der Ergebnisse gleichzeitig zu erhöhen.

In einem mittelständischen Unternehmen in Stuttgart, das sich komplett neu aus-richten muss, um weiterhin marktfähig zu bleiben, ist die Stimmung in der Beleg-schaft entsprechend schlecht. Die Mitarbeiter fürchten um ihren Arbeitsplatz und stehen den angekündigten Veränderungen sehr skeptisch gegenüber. Die Unter-nehmensführung ist bemüht, der Belegschaft zu erklären, was in den kommenden Monaten ansteht und von ihnen erwartet wird. Es werden Meetings für die gesamte Belegschaft durchgeführt und auch Informationen per E-Mail an das gesamte Unter-nehmen versendet. Das Top-Management glaubt, so den Change gut dargestellt und die Mitarbeiter auf die Veränderung vorbereitet zu haben. Im Coaching merkt Philipp, einer der Geschäftsführer, an, dass er sich unsicher ist, ob er seine Mitarbeiter auch wirklich abgeholt habe, und fragt sich, warum diese nicht begreifen, wie wichtig eine Neuausrichtung des Unternehmens ist. Es ärgert ihn, dass sich alle so „querstellen". Auf die Nachfrage seines Coachs Ed erläutert er, was der Belegschaft wie mitgeteilt wurde. Daraufhin zeigt ihm Ed den Golden Circle, erläutert diesen und bittet Philipp, die Informationen den drei Ringen zuzuordnen. Hier wird Philipp schnell deutlich, dass lediglich die Kreise HOW und WHAT ausgefüllt sind. Er argumentiert, dass es doch klar sei, WARUM sie das machen und er das doch nicht groß erläutern muss. Als Ed ihn fragt, WARUM er das denn macht, wird Philipp erneut bewusst, dass er selbst diese Frage nicht auf den Punkt beantworten kann – weil es eben notwendig sei, so seine Antwort. Gemeinsam mit Ed arbeitet er daraufhin an dem WHY für den Ver-änderungsprozess seines Unternehmens und nimmt die Fragen auch an die anderen Geschäftsführer mit. Zusammen formulieren sie in harter Arbeit das WARUM, ver-feinern dadurch ihr Vorgehen und können besser nachvollziehen, wieso die bisherigen Informationen nicht die gewünschte Motivation und Veränderungsbereitschaft bei den Mitarbeitern hervorgerufen hat. Philipp arbeitet von jetzt an bewusster mit dem Gol-den Circle, um das WARUM und damit die Sinnhaftigkeit (Purpose) in den Mittel-punkt seiner Arbeit zu stellen.

Mögliche Herausforderungen

Da der Golden Circle ein Arbeitstool ist, das den Sinn der eigenen Arbeit hinterfragt, ist er nicht nur einfach zu erarbeiten: Es geht um die innersten Überzeugungen und die eigene Intuition, die nicht allen sofort zugänglich sind. Dieses Tool erfordert die Kom-petenz, sich selbst zu hinterfragen und sein Verhalten zu reflektieren. Daher stellt der Golden Circle ein gutes Instrument dar, um an sich selbst du arbeiten. Gegebenenfalls kann aber auch für die erstmalige Erarbeitung Unterstützung eingeholt werden. Weitere Methoden wie z. B. die „Five Whys" helfen, um dem „golden Kern" näher zu kommen und diesen zu verstehen. Der Golden Circle setzt voraus, dass die Sinnhaftigkeit und Motivation als Framework für das eigene Verhalten anerkannt wird und formuliert wer-den kann.

Hackathon

Schwierigkeit	Aufwand	Zielgruppe
● ●	● ●	○ ○ ○ ○ ○ ○ ○ ○ ○ ○ ⋔⋔⋔ + ⋔⋔⋔⋔⋔

▶ Ein Hackathon ist ein kollaboratives Event, bei dem in kürzester Zeit Ideen konzipiert, entwickelt und vorgestellt werden.

Warum wichtig – Nutzen und Impact

Hackathons ermöglichen Unternehmen, in kürzester Zeit Lösungen für bisher ungelöste Probleme zu finden oder ganz neue Ideen zu generieren und dabei die Mitarbeiter im Unternehmen besser zu vernetzen. Häufig ist bei einem Hackathon auch Inspiration von Teilnehmenden außerhalb des Unternehmens erwünscht und der Hackathon wird gleichzeitig zum erfolgreichen Recruiting eingesetzt. Es entstehen innerhalb weniger Tage funktionierende Prototypen.

Beschreibung

Ein Hackathon (= Hack und Marathon) hat immer eine konkrete Zielsetzung. Diese geht von der Lösung eines spezifischen Problems bis hin zu grundsätzlichen Weiterentwicklungsmöglichkeiten oder disruptiven Lösungen zu einem Produkt oder Service. Es kann dabei sowohl an Hardware- als auch an Software-Ideen gearbeitet werden. Hackathons haben einen definierten Zeitraum. Die meisten dauern zwischen einem Tag und einer Woche. In dieser Zeit fokussieren sich die Teilnehmenden zu 100 % auf die Entwicklung ihrer Ideen. Meistens wird in crossfunktionalen, gemischten Teams gemeinsam etwas Neues entwickelt. Ein Unternehmen kann entscheiden, ob der Hackathon ein internes Event ist oder auch Menschen von außerhalb des Unternehmens partizipieren können (z. B. über die Seite www.hackathon.com). Immer mehr Unternehmen nutzen das Potenzial eines offenen Hackathons als Recruitingprozess: Talente können innerhalb kürzester Zeit ihr Fachwissen aufzeigen und das Unternehmen von sich begeistern bzw. überzeugen. Somit ist der Hackathon nicht nur für Unternehmen interessant, sondern auch für Personen, die sich durch den Hackathon bei einem Unternehmen präsentieren und vorstellen.

Der Ablauf eines Hackathons ist nicht fest definiert. Meistens wird zu Beginn grundlegend über Hackathons sowie zu dem konkreten Anlass des stattfindenden Hackathons selbst informiert, der Verlauf, die Ansprechpersonen und die allgemeinen Regeln vorgestellt. Es bilden sich Teams, die im Normalfall über den Zeitraum des Hackathons zusammenarbeiten. In manchen Fällen gibt es auch sogenannte Springer, die variabel nach Bedarf von Team zu Team gehen und dort mit ihrer Expertise unterstützen.

Am Ende des Hackathons werden bei einer Demo-Präsentation, die Ergebnisse vorgestellt. In einigen Fällen werden Preisgelder vergeben. Nach dem Beenden des Hackathons wird geschaut, welche Projekte weitergeführt, als fester Bestandteil integriert oder anderweitig weiter bearbeitet werden. Die wohl bekannteste Integration eines Ergebnisses aus einem Hackathon ist der „like"-Button bei Facebook.

Tipps zum Implementieren

Wenn das erste Mal ein Hackathon im Unternehmen stattfindet, ist es wichtig, im Vorhinein das Event und die Zielsetzung so gut wie möglich zu erklären. Der Hackathon lebt von der aktiven Teilnahme der Teilnehmenden. Es bietet sich an, vor Beginn die Möglichkeit der Anmeldung einzurichten. Ausreichend Material für manuelles Skizzieren (= Ideen visualisieren) ist dabei ebenso wichtig wie eine gute und vor allem schnell funktionierende IT-Infrastruktur. Es lohnt sich, Räumlichkeiten für das Event bereitzustellen, die sowohl einen großen offenen Bereich als auch kleinere Bereiche und Arbeitstische haben, damit das Arbeiten in kleinen Teams genauso wie das Zusammenkommen aller Teilnehmenden ohne Probleme gelingen kann. Eine bereits vorhandene Eventfläche im Unternehmen kann wahrscheinlich am besten genutzt werden. Im Vorfeld sollte man sich im Unternehmen Gedanken dazu machen, wie mit den Ergebnissen des Hackathons nach dem Event umgegangen wird. Es ist zu empfehlen, einen Nachtrag mit Ergebnissen und weiterführenden Impulsen im Unternehmen zu platzieren, damit der mögliche Impact aufgezeigt wird und Mitarbeiter für den nächsten Hackathon motiviert werden. Die Teilnahme am Hackathon sollte auf freiwilliger Basis stattfinden, wenngleich es sinnvoll sein kann, dass bestimmte Schnittstellen bzw. Personen für konkrete Themen anwesend sind.

Beispiel

Ein großes Unternehmen, welches sich dem digitalen Wandel angepasst hat, hat vor sechs Monaten eine App für die eigenen Kunden herausgebracht, die sich auf grundlegende Bedienungsmöglichkeiten in der ersten Version beschränkt. Nachdem herausgefunden wurde, dass grundsätzliches Interesse an der App besteht, nimmt sich die Unternehmensführung vor, die App möglichst bald weiter auszubauen. Bei der Diskussion, wie man dies am schnellsten erreicht, wird entschieden, einen Hackathon durchzuführen. Es wird alles vorbereitet, im Unternehmen kommuniziert und ein Hackathon von fünf Tagen durchgeführt. Trotz einer nur relativ niedrigen Teilnahme entstehen am Ende der fünf Tage ganze sieben funktionierende Prototypen und werden viele neue Erkenntnisse über Weiterentwicklungsmöglichkeiten der App in der Zukunft gewonnen. In einer so kurzen Zeit entstehen Vorschläge, die sonst Wochen gebraucht hätten. Nach der Präsentation der Prototypen sowie der Bewertung und Einschätzung eines Expertenkreises werden sechs der sieben Prototypen von Nutzern getestet (= User Tests). In den Tests stellt sich heraus, dass vier der sechs neuen Funktionen als brauchbar und gewünscht bewertet werden. Basierend auf dem positiven Feedback, werden die neuen Funktionen schnellstmöglich in die App integriert und der nächste Hackathon bereits geplant.

Mögliche Herausforderungen

Es kann herausfordernd für Mitarbeiter sein, sich Zeit für den kompletten Zeitraum des Hackathons zu nehmen. Hierbei sind die Unterstützung und der Zuspruch der jeweiligen Führungskräfte entscheidend für die Teilnahme motivierter Mitarbeiter. Es kann zu Demotivation führen, wenn Ergebnisse aus den Hackathons selten bis nie in die weiterführende Arbeit integriert werden. Sollten die Ergebnisse stets nicht gut genug sein, gilt es, kritisch zu überprüfen, ob die Rahmenbedingungen und die Zielsetzungen deutlich genug erklärt worden sind. Dabei lohnt es sich auch, Feedback der Teilnehmenden über die Rahmenbedingungen einzuholen und für die Weiterentwicklung des Formates zu nutzen. Bei Hackathons mit von außerhalb des Unternehmens kommenden Teilnehmenden kann es zu Schwierigkeiten kommen, wenn es um sensible Daten wie Codezeilen oder um andere Geschäftsgeheimnisse geht. Hierbei ist dringend zu empfehlen, sich über das Ausmaß der Informationsfreigabe nach außen sowie die Richtlinien für interne Mitarbeiter bewusst zu werden und diese deutlich zu kommunizieren. Auf diese Weise wird gewährleistet, dass die internen Teilnehmenden am Hackathon die Rahmenbedingungen kennen und sich auf die eigentliche Arbeit ihres Projektes fokussieren können.

Inhouse Trainings

Schwierigkeit	Aufwand	Zielgruppe
●●	●●●	ᙏ + ᙏᙏᙏᙏ

▶ Inhouse Trainings sind von Mitarbeitern angebotene Trainings, mit denen diese ihr Fachwissen teilen und damit zur Wissensvernetzung und -verbreitung beitragen.

Warum wichtig – Nutzen und Impact

Das Potenzial an internem Wissen ist meistens deutlich größer als das genutzte und geteilte Wissen im Unternehmen. Wir leben in einer Wissensgesellschaft, Expertenwissen ist so wichtig wie nie zuvor. Im Unternehmen Mitarbeiter zu befähigen, ihr Wissen an andere weiterzugeben und zu teilen und damit das Wissen des Unternehmens insgesamt zu vergrößern, ist eine der wichtigsten Aufgaben moderner Unternehmensführung. Experten können damit befähigt werden, ihr eigenes Wissen weiterzugeben.

Beschreibung

Verschiedene Aspekte machen eigene Inhouse Trainings so wertvoll. Zum einen ist ein Inhouse Training eine Möglichkeit für erfahrene Mitarbeiter, sich horizontal weiterzuentwickeln und Wissensvermittler im Unternehmen zu werden. Dabei lernen sie, ihr eigenes Wissen mit anderen zu teilen, und erhalten die Möglichkeit, ihr Wissen zu strukturieren sowie weiterzuentwickeln. Zum anderen besteht die Option, Mitarbeitern im Unternehmen das bereits vorhandene Wissen bereitzustellen und diese miteinander und voneinander lernen zu lassen – mit dem Synergieeffekt, dass Mitarbeiter nicht sich nur selbst neues Wissen aneignen, sondern durch ihre Praxisbeispiele im Unternehmen direkt Lösungsansätze gemeinsam bearbeiten sowie mögliche Vorgehensweisen und Lösungsansätze miteinander erstellen. Dabei entsteht der Mehrwert, dass Mitarbeiter aus unterschiedlichen Bereichen des Unternehmens ihr Wissen teilen, ihre Erfahrungen miteinander vernetzen und neue Einblicke in Problemstellungen und Herausforderungen anderer Unternehmensbereiche erhalten. Gleichzeitig wird die interdisziplinäre Vernetzung im Unternehmen gefördert, was für zukünftige Herausforderungen meistens konstruktiv ist. Damit all dies gelingen kann, ist es wichtig, dass die Mitarbeiter bei der Konzeptualisierung und Entwicklung des Trainings professionell unterstützt werden. Auf diese Weise wird sichergestellt, dass Trainings bestmöglich aufgebaut, gemeinsam anschließend reflektiert werden und das Feedback der Teilnehmer dabei stetig zur Verbesserung beiträgt.

Ein Ziel sollte sein, Trainingsangebote zu erarbeiten und transparent anzubieten, sodass Mitarbeiter die Möglichkeit der Teilnahme und den Zugang dazu erhalten.

Tipps zum Implementieren

Es ist wichtig, dass die entsprechenden Führungskräfte diese Tätigkeit unterstützen, sodass die Mitarbeiter einen Teil ihrer Arbeitszeit hierfür ansetzen können. Damit Experten für bestimmte Wissensbereiche ihr Wissen teilen können, muss sowohl festgestellt werden, welches Wissen im Unternehmen vorhanden ist, als auch herausgefunden werden, welches Wissen für eine breitere Masse an Mitarbeitern relevant sein kann und verbreitet werden soll. Es wird Experten geben, die mühelos ihr Wissen konstruktiv aufbereitet teilen können und talentiert sind oder bereits erfahren sind. Es kann jedoch auch passieren, dass bestimmte Mitarbeiter entweder ungern vor Gruppen sprechen und ihr Fachwissen teilen oder schlichtweg erst einmal nicht in der dazu Lage sind. Eine gute Begleitung durch erfahrene Trainer, Coaches oder den HR-Bereich ist dringend zu empfehlen. Gemeinsame Reflexion mit einem Experten für Trainings und die Entwicklung der Fachexperten mit ihren Trainings sind beim Aufbau eines internen Trainingsangebotes mit einzuplanen und sichern sowohl die Qualität der angebotenen Trainings als auch die horizontale Weiterentwicklung der Mitarbeiter. Trainierende Experten miteinander zu vernetzen und gemeinsame Lerneinheiten zur Verbesserung der Trainingskompetenzen anzubieten, ist zu empfehlen.

Nachdem sich in verschiedenen Situationen im Unternehmen herausstellt, dass Mitarbeiter zu wenig von den Möglichkeiten des neuen Chat-Programms verstehen und konsequenterweise immer noch auf umständliche und veraltete Vorgehensweisen zurückgreifen, wird der Chat-Verantwortliche Martin, der auch der Experte in diesem Bereich ist, gefragt, ob er kurze Trainings geben kann. Gemeinsam mit der Inhouse-Trainerin Tine, die normalerweise Soft-Skill-Themen trainiert, erarbeitet Martin die Vorgehensweise und Struktur des Trainings. Zuerst fragt er bei einigen Mitarbeitern ab, wie diese den Chat derzeit benutzen. Auf diese Weise erhält er eine Übersicht über den Status quo und kann gemeinsam mit Tine Themen sowie wichtige Informationen sammeln und in ein methodisch-didaktisches Konzept umsetzen. Tine dient hierbei als Ermöglicherin und gibt als Expertin für Trainingskonzepte nur den Rahmen vor, nicht die Inhalte. Nach dem ersten Testlauf wird gemeinsam das Teilnehmerfeedback reflektiert und betrachtet, wie in der Zukunft sowohl das Training als auch die Trainerkompetenz weiter ausgebaut werden kann. Dabei wird in kurzen Iterationen vorgegangen, sodass Verbesserungen nicht erst nach einem Jahr und zehn Trainings, sondern direkt von Anfang an vorgenommen werden können und nicht nur Martin eine Weiterentwicklung ermöglichen, sondern auch den weiteren Teilnehmern einen direkten Nutzen bringen.

Mögliche Herausforderungen
Wenn Fachexperten keine gute Begleitung erhalten, kann es schnell passieren, dass Überforderung eintritt und damit schlechte Trainings entstehen, die wiederum zu Demotivation und negativem „Flurfunk" führen. Fachexperten nicht alleine zu lassen, sondern bei ihrer Entwicklung zu begleiten, erfordert Commitment und Zeit. Wenn es keine zentrale Person oder ein Team gibt, das sich verantwortlich fühlt, das Thema Inhouse Trainings und Teilen von internem Wissen voranzubringen, werden die Bemühungen wahrscheinlich schnell im Sande verlaufen. Verantwortung und Freiheit sowie die Unterstützung durch die Führung des Unternehmens sind essenziell für den Erfolg.

Iteratives Arbeiten mit PDCA

Schwierigkeit	Aufwand	Zielgruppe
● ●	●	$\overset{o}{\wedge}$ + $\overset{o\,o\,o}{m}$

▶   Der PDCA-Zyklus steht für Plan, Do, Check und Act und ist ein Modell, das in iterativen Schritten Veränderungen umsetzt.

Warum wichtig – Nutzen und Impact

Der PDCA-Zyklus initiiert kurze Prozesse und hält diese möglichst einfach. Dadurch können Projekte besser geplant und durchgeführt werden. Durch den Gedanken der kontinuierlichen Verbesserung werden die Reflexionsfähigkeit des Teams und die Umsetzung in Projekten gestärkt. PDCA ermöglicht schnelles Lernen, Testen und Feedback.

Beschreibung

Das Akronym PDCA steht für Plan, Do, Check und Act (manchmal auch als „adjust" benannt). Das Modell ist aus dem Agile Management hervorgegangen und fördert das Arbeiten in iterativen Schritten. Das PDCA-Prinzip (auch Deming Circle) geht auf William E. Deming und seine Arbeit im Qualitätsmanagement zurück. Seine Grundannahme ist, dass Arbeitsweisen und Prozesse mit PDCA vereinfacht und in einem wiederkehrenden Zyklus stetig verbessert werden (= inkrementelle Verbesserung). Damit kann auch auf lange, komplizierte Projektpläne verzichtet werden, die nur schwer an Veränderungen anzupassen sind. In New-Work-Kontexten werden viele Arbeitsprozesse, vor allem in IT-Teams, auf der Grundlage von PDCA umgesetzt.

PDCA besteht aus den folgenden vier Schritten, die in einem Kreis dargestellt werden können: 1) planen, 2) umsetzen, 3) prüfen und 4) handeln:

- Im ersten Schritt „Plan" wird die Ausgangslage des Projektes oder das Anliegen analysiert, um Verbesserungspotenziale zu erkennen und Maßnahmen zur Verbesserung zu erarbeiten.
- Im zweiten Schritt „Do" erfolgt eine erstmalige, im weiteren Verlauf häufig anzupassende Umsetzung der Maßnahmen.
- Im dritten Schritt „Check" wird überprüft, ob die entwickelten Maßnahmen zur Erreichung des Projektziels geeignet sind, und auf ihr Verbesserungspotenzial hin bewertet.
- Ist das der Fall, wird im vierten Schritt „Act" die Verbesserung (oder das leicht angepasste (adjust) Vorgehen) durchgeführt und als Maßnahme eingeführt. Idealerweise wird diese Verbesserung als Standard definiert sowie die Anwendung kontinuierlich kontrolliert.
- Wird im dritten Schritt allerdings die Maßnahme als nicht geeignet bewertet, beginnt der Kreislauf von Neuem, bis eine wirksame Maßnahme erarbeitet werden konnte. Der Fokus liegt stets darauf, eine Verbesserung voranzutreiben und im Prozess anzuwenden, um schneller Lösungen zu finden und bearbeitbar zu machen.

Tipps zum Implementieren

Da der PDCA-Zyklus sehr einfach gehalten ist, kann er in nahezu jedem Projekt angewendet und dargestellt werden. Für Teams ist es hilfreich, wenn die vier Schritte erläutert und visualisiert werden, damit besonders in der Einführungsphase von PDCA immer wieder darauf verwiesen und Bezug genommen werden kann. Das erleichtert das Einarbeiten und Verinnerlichen des Modells.

Es kann ebenfalls hilfreich sein, mit den Teammitgliedern übergeordnete Fragen für die einzelnen Schritte des PDCA-Kreislaufs zu erarbeiten. So setzen sie sich intensiver mit dem Ablauf auseinander und ihr Verständnis der einzelnen Schritte wird vertieft. Die einzelnen Schritte sollten ebenfalls visualisiert und festgehalten werden.

Um PDCA leichter zu institutionalisieren, sollten regelmäßig Meetings durchgeführt werden, die auf die Überprüfung des Modells zielen. Hier bieten sich SCRUM Meetings oder Retros an (s. Hack „Retrospektiven").

Beispiel

Jan arbeitet in einem niedersächsischen Produktionsbetrieb für Servietten als leitender Ingenieur und betreut dort drei Teams. In letzter Zeit sieht er sich immer mehr unter Druck gesetzt, da ihm sein Vorgesetzter aufgrund der veränderten Unternehmensstrategie gleich mehrere zwei neue Zielsetzungen vorgegeben hat: Es sollen jährlich 15 % mehr Servietten produziert werden und die Arbeit soll nach dem Null-Fehler-Prinzip ausgerichtet werden. Jan ist davon überzeugt, dass er und seine Teams bereits sehr gute Arbeit leisten, und ist unsicher, wo genau er noch Verbesserungen im Prozess erarbeiten kann. Bei einem Feierabendbier mit seinem Freund Thomas, der in der IT-Branche arbeitet, berichtet er von seinem Problem. Thomas hört genau zu und fragt vor allem nach, was genau die Zielsetzungen sind und wie diese bisher verfolgt werden. Jan kommt ins Erzählen, stellt die Situation ziemlich konkret dar und lobt seine Teams für die gute Arbeit. Nach einer Weile schlägt Thomas vor, dass Jan anhand PDCA mit seinen Teams gemeinsam nach Verbesserungen schauen kann, da ihm hier gemeinsames Wissen und Erfahrungen produktiv erscheinen. Jan fragt irritiert nach, was PDCA ist und wie er das mit seinen Teams anstellen könnte. Thomas erklärt ihm, wie er in seinem Unternehmen danach arbeitet. Jan ist inspiriert und kann sich ein solches Vorgehen in seinen Teams vorstellen. Er beginnt noch am selben Abend, mehr zu PDCA zu lesen, und ruft in der darauffolgenden Woche erst einmal alle seine Teamleads zu einem Meeting zusammen. Dort berichtet er von den neuen Zielsetzungen und dass sie gemeinsam schauen müssen, wie sie diese Vorgaben erfüllen können. Die Teamleads wirken bestürzt und zeigen sich besorgt, da sie laut Projektplan genau auf Kurs sind. Jan berichtet davon, dass er gerne in kleinen Schritten und sehr gezielt an den beiden neuen Zielsetzungen arbeiten möchte und dass er dafür die Unterstützung der Teams braucht. Als er PDCA erläutert, findet er schnell Zuspruch und die Leads finden leicht Zugang zum, weshalb sie schnell darauf einlassen. Noch in diesem Meeting gehen sie in den ersten Schritt „Plan" und analysieren die Situation im Hinblick auf die beiden Zielsetzungen. Durch das gesamte Wissen der Teamleads stellen sie fest, dass sie beim Bedrucken der Servietten den größten Ausschuss haben und dadurch die meisten Fehler produzieren. Das läge sicher an den Schablonen, meint Bruno und erklärt sich bereit, bis zum nächsten Tag mehr Infos dazu zusammenzutragen.

Am nächsten Tag steht fest, dass die Schablonen in Ordnung sind und die Ursache des Problems nicht bei den Schablonen liegt. Jan bittet seine Teamleads, in den einzelnen Teams nachzufragen und sich in zwei Tagen wieder mit ihm zusammenzusetzen. Beim nächsten Meeting tragen die Teamleads die Ergebnisse ihrer Befragung zusammen und stellen gemeinsam mit Jan fest, dass es zwar nicht an den Schablonen selbst, aber daran liegt, wie diese in die neue Maschine eingesetzt werden. Sven berichtet, dass es da einen Trick gebe, den er auch seinem Team mitgeteilt habe und man nun vor dem Einlegen der Schablone diese einmal mit einem Staubtuch reinigt und nach oben biegt. Er holt gleich eine Schablone und zeigt den Vorgang den anderen. Daraus leiten sie im zweiten Schritt „Do" Maßnahmen ab, die an dieser Stelle zur Verbesserung beitragen können: 1) Es werden alle Teams über diesen Trick von ihrem Lead informiert. 2) Es wird allen Teams das Material zur Reinigung der Schablone zur Verfügung gestellt. 3) Sven soll den Arbeitsschritt in der Abteilung Qualitätsmanagement verschriftlichen lassen.

In den vier nächsten Wochen setzen sich die Teamleads zweimal wöchentlich mit Jan zusammen und prüfen die Maßnahmen anhand der Ausschusszahlen, führen also den dritten Schritt „Check" durch. Nach einem Monat kann bereits eine deutliche Reduktion des Ausschusses verzeichnet werden, allerdings liegt dieser noch nicht im anvisierten Bereich, weshalb weitere Maßnahmen beschlossen werden: 1) Das Reinigungsmaterial wird täglich gewechselt und 2) erhalten die Teams eine Mini-Schulung, wie die Schablone gebogen werden soll. Im letzten Schritt „Act" wird ein Lehrvideo aufgenommen, um zu verdeutlichen, wie die Schablone zu reinigen und zu biegen ist. Dieses Video erhalten alle Teams, neue Teammitglieder zeigen ihrem Teamlead in den ersten zwei Wochen, wie sie die Schablone biegen und erhalten direktes Feedback. Jan besucht eine Weiterbildung zum agilen Führen, worauf er seine Teamleads dazu befähigt seinen Teams nach PDCA zu arbeiten und erweitert das auf seine gesamten Teams, wodurch schon bald alle danach arbeiten und erheblich zur Umsetzung der neuen Unternehmensstrategie beitragen. Thomas wird von Jan zu einem üppigen Essen als Dankeschön eingeladen.

Mögliche Herausforderungen

PDCA entspricht in weiten Teilen dem agilen Mindset und braucht Zeit, um verinnerlicht zu werden (vgl. Abb. 5). Dabei sollte in der Einführung und bei den anschließenden Meetings immer wieder auch in die Kenntnis der Möglichkeit und Notwendigkeit einer kontinuierlichen Verbesserung investiert werden. In vielen Unternehmen ist das ein echter Mindset Shift. Es bietet sich daher an, Daten der verbesserten Strukturen, Prozesse und Leistungen aufzubereiten und den Teams zu spiegeln, damit der Verbesserungsprozess für sie sichtbar wird. Verbesserungen am Produkt können durch Kundenstimmen oder Bewertungen dargestellt werden, was zur Motivation des Teams beitragen kann.

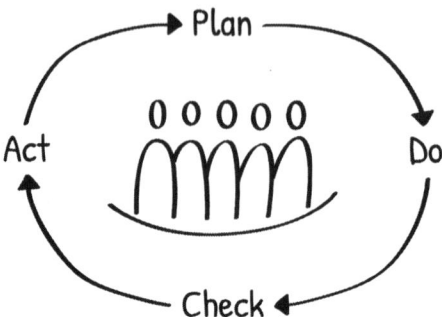

Abb. 5 Iteratives Arbeiten mit Plan – Do – Check – Act (PDCA)

Job Rotation

Schwierigkeit	Aufwand	Zielgruppe
●	● ●	ᵒᵒ ᵒᵒ ᵒᵒ ᵒ 𝗆𝗆𝗆𝗆𝗆

▶ Job Rotation bedeutet Arbeitsplatzwechsel. Dabei wechselt ein Mitarbeiter intern, in einer geplanten und wiederkehrenden Systematik zwischen zwei oder mehreren Arbeitsplätzen und -funktionen.

Warum wichtig – Nutzen und Impact

Das regelmäßige Wechseln von Arbeitsplatz und Aufgaben bringt sowohl auf der Mitarbeiter- als auch auf der Unternehmensseite Vorteile. So wird die Arbeit vom Mitarbeiter als abwechslungsreicher und interessanter empfunden. Job Rotation reduziert Monotonie und Unaufmerksamkeit beim Arbeiten. Die neuen Herausforderungen steigern die Motivation und fördern die Auseinandersetzung mit der eigenen Tätigkeit.

Wissenstransfer kann im Unternehmen vielschichtiger betrieben und umgesetzt werden. Spezifisches Fachwissen wird besser verteilt und an Kollegen weitergegeben, was das Wissen im Unternehmen erhöht. Durch den Einsatz in unterschiedlichen Arbeitsbereichen und die Durchführung von verschiedenen Aufgaben wachsen Kompetenzen in der Breite und können in späteren Führungsfunktionen genutzt werden.

Beschreibung

Bei Job Rotation wechselt ein Mitarbeiter intern, in einer geplanten und wiederkehrenden Systematik zwischen zwei oder mehreren Arbeitsbereichen und -funktionen. Es handelt sich dabei um ein Arbeitsmodell, das bereits in den 1950er Jahren von Eric L. Trist und Ken Bamforth erläutert wurde. Da es in Deutschland jedoch selten zur Anwendung kommt, ist es eine noch relativ unbekannte Form der Arbeitsorganisation. In New-Work-Kontexten findet Job Rotation aber zunehmend Anklang, da diese den Mitarbeitern ermöglicht, vielfältigen, fachlichen Interessen nachzugehen. Job Rotation kann verschieden angelegt werden: als horizontale, vertikale und radiale Job Rotation.

Bei der horizontalen Job Rotation wechselt der Mitarbeiter den Arbeitsplatz. Dadurch kann er verschiedene Bereiche des Unternehmens einsehen und lernt den Wertschöpfungsprozess aus unterschiedlichen Perspektiven kennen. Klassische horizontale Job Rotations sind Trainee- oder Ausbildungsprogramme.

Bei der vertikalen Job Rotation geht es um die Erweiterung von Aufgaben. Hierbei werden in definierten Feldern Aufgaben und Funktionen übernommen, die sich von den ursprünglichen Aufgaben des Mitarbeiters unterscheiden. Häufig wird vertikale Job Rotation bei der Übernahme von Führungsaufgaben zur Vorbereitung angewendet.

Bei der radialen Job Rotation werden bewusst gegensätzliche Arbeitsbereiche und -aufgaben übernommen, um verschiedene Probleme und Schwierigkeiten kennen- und verstehen zu lernen. So kann beispielsweise von einer strategischen zu einer operationalen Tätigkeit gewechselt werden.

Ziel von Job Rotation ist immer, die Potenziale von Mitarbeitern weiterzuentwickeln und ihr Wissen im Unternehmen einzubinden. Bei music4friends wird beispielsweise Auszubildenden für einen Monat die Geschäftsführung übertragen. Bei diesem Format kann auf Job Enlargement (= Weiterentwicklung im bisherigen Anforderungsniveau) und Job Enrichment (= Weiterentwicklung über das bisherige Anforderungsniveau hinaus) fokussiert werden.

Durch häufiges und regelmäßiges Wechseln von Arbeitsbereichen und -funktionen können grundsätzlich die Weiterentwicklung und Vernetzung von Mitarbeitern gefördert werden. Das Rotieren ermöglicht es, Wissen zu erweitern und Kompetenzen auszubauen, aber auch neue Blickwinkel und Sichtweisen zu entwickeln.

Tipps zum Implementieren

Um Job Rotation erfolgreich in ein Unternehmen zu implementieren, sollte die Geschäftsführung das Format unterstützen. Hierzu kann auch die Führungsebene bestimmte Bereiche für Job Rotation öffnen. Da Job Rotation einen hohen Organisationsaufwand mit sich bringt, ist es hilfreich, wenn der HR-/People-/Talent- und Organization-Bereich geeignete Maßnahmen entwickelt und so die Rahmenbedingungen transparent macht. Mitarbeiter und dafür infrage kommende Bereiche sollten bei der Entwicklung eingebunden werden (s. Hack „Crossfunktionale Teams").

Durch eine grundlegende Befragung (s. Hack „Mood Check") können Bedürfnisse und Rückmeldung zu Job Rotation eingeholt und diese damit stetig angepasst und verbessert werden. Geeignete Personen mit Kommunikations- und Organisationskompetenz sollte man Job Rotation anbieten, die Interesse daran haben, ihr Wissen im Unternehmen in der Breite zu erweitern.

Beispiel

Max arbeitet bereits seit einigen Jahren in der Marketingabteilung eines Münchner Unternehmens und liebt seinen Job. Er sieht sich als Marketingexperte, der sein Unternehmen gekonnt durch interessante Werbung unterstützen kann. Er ist vielseitig interessiert, scheut sich nicht, neue Aufgaben zu übernehmen, und fällt vor allem durch sein Engagement auf, weshalb ihn sein Lead Claudia für eine Job Rotation vorschlägt. Max ist von Anfang an begeistert von der Idee, da er die Möglichkeit sieht, sich schneller im Unternehmen zu beweisen, was seinen eigenen Zielen entspricht. Mit anderen interessierten Kolleginnen wird Max von der Geschäftsführung zu einer Informationsveranstaltung eingeladen. Dort erfährt er vom Chef persönlich, dass der HR-/People-/Talent- und Organization-Bereich für die Job Rotation ein Stufenmodell entwickelt hat, das eine iterative Weiterentwicklung der Mitarbeiter vorsieht.

In der ersten Stufe wechselt Max in einem Turnus von drei Wochen zwischen E-Mail-Marketing, Social Media Marketing und Print.

Nach einem halben Jahr Eingewöhnung geht Max in die zweite Stufe über. Nun arbeitet er je sechs Wochen im Marketing und im Kundensupport. Während er sich in der ersten Stufe begeistert in den verschiedenen Teilbereichen ausprobiert hat, merkt er im Kundensupport, dass es sich fachlich viel mehr einarbeiten muss. Er stellt fest, dass er Kundenfragen nicht beantworten kann, und bittet hier um eine Produktschulung. Seine Supporter-Kollegen nennen ihn schon bald Donald Duck, weil er seine Kollegen durch sein naives Nachfragen zu neuen Lösungen anregt. Durch die neuen Einsichten gewinnt er aber einen besseren Überblick und kann im Marketing noch besser und gezielter arbeiten, was ihn begeistert. Kurze Zeit später übernimmt er im Marketing auch erste strategische Aufgaben von Claudia (Stufe 3). Beide vereinbaren, dass in einem Jahr geschaut werden kann, wie Max die Job Rotation dann gefällt und ob er im Anschluss langsam mit Führungsaufgaben vertraut gemacht werden kann. Trotz hoher Arbeitsbelastung und des Einarbeitens in neue Aufgabenbereiche und mit neuen Kollegen, empfindet Max die Job Rotation als berufliche sowie persönliche Bereicherung.

Mögliche Herausforderungen

Nicht jeder Mitarbeiter möchte seinen Arbeitsplatz und -funktionen ständig wechseln und ist gestresst davon, sich immer wieder neu in ein Aufgabenfeld einzuarbeiten und sich in ungewohnte Teamstrukturen einzufinden. Hier ist es wichtig, die Anforderungen an Job

Rotation klar zu formulieren und dem Mitarbeiter verständlich zu machen. Gegebenenfalls müssen Mitarbeiter nachgeschult werden, damit die Produktivität nicht leidet. Job Rotation erfordert einen hohen Organisations-, aber auch Kommunikationsaufwand, da auf verschiedenen Ebenen und in unterschiedlichen Rollen miteinander gearbeitet werden muss. Das Team sowie der Mitarbeiter sollten sich bewusst dazu bereit erklären und freiwillig in eine Job Rotation einwilligen. Zudem sind eine hohe Veränderungs- sowie Anpassungsbereitschaft notwendig, da sich der Mitarbeiter mit verschiedenen Teams, Kollegen und Arbeitsbereichen abstimmen muss. Regelmäßige und institutionalisierte Wissens- und Erfahrungsaustausche (s. Hack „Knowledge Sharing Formats") helfen dabei, Teams trotz Rotation weiterzuentwickeln und die Teamarbeit zu fördern.

Job Sharing

Schwierigkeit	Aufwand	Zielgruppe
● ●	●	o o oo ooo ﾊﾊﾊﾊﾊﾊ

▶ Beim Job Sharing handelt es sich um ein flexibles Arbeitsmodell, bei dem sich mindestens zwei Personen eine Vollzeitstelle im Unternehmen teilen.

Warum wichtig – Nutzen und Impact
Bei dem Angebot Job Sharing handelt es sich um ein attraktives Arbeitsmodell, das besonders bei jungen Arbeitskräften zunehmend Anklang findet. Es kann aber auch ältere und jüngere Mitarbeiter miteinander verbinden, wodurch Wissen geteilt wird und Arbeitsentlastung entsteht. Solche Angebote schaffen eine stärkere Mitarbeiterbindung und erhöhen die Attraktivität des Unternehmens für jede Generation von Mitarbeitern.

Beim Job Sharing wird eine Stelle durch zwei Köpfe, die beide ihre Ideen, Kreativität und Engagement einbringen, besetzt. Das kann zu einer größeren Vielfalt in Bezug auf die Stelle führen, ergänzende Stärken in einer Funktion vereinen, doppelten Input und Problemlösungsansätze pro Vollzeitstelle erzeugen. Das Vier-Augen-Prinzip verringert Fehler und reduziert so Probleme im Unternehmen.

Beschreibung
Job Sharing ist ein flexibles Arbeitsmodell (s. Hack „Flexible Arbeitsmodelle") und kann mit Arbeitsplatzteilung übersetzt werden, wobei zwei Formen von Job Sharing unterschieden werden: Job Splitting und Job Pairing.

- Beim Job Splitting arbeiten in der Regel zwei Personen (=Tandemarbeit) auf einer Vollzeitstelle, die sie sich im Unternehmen teilen. Es gibt auch Job Splits, bei denen sich mehr als zwei Personen den Arbeitsplatz teilen, was aber noch nicht sehr verbreitet ist. Bei dieser Aufteilung haben die Job-Splitting-Partner dieselben bzw. sehr ähnliche Aufgabenbereiche, arbeiten aber an unterschiedlichen Tagen und unabhängig voneinander. Die gesamten, auf dieser Stelle anfallenden Aufgaben werden gemeinsam im Job Splitting gesammelt und organisiert. Auch die Aufteilung der Arbeitszeit bzw. -tage wird von den Splitting-Partnern selbstständig übernommen.
- Beim Job Pairing wird dagegen als Paar auf einer Vollzeitstelle miteinander gearbeitet, was eine intensivere und engere Zusammenarbeit erfordert. Die Pairing-Partner tragen in diesem Arbeitsmodell die gemeinsame Verantwortung für Projekte und Aufgaben, die auf dieser Stelle anfallen. Da eine funktionierende Teamarbeit mit regelmäßigen Absprachen und gemeinsamer Entscheidungsfindung grundlegend ist, sind die Pairing-Partner stärker in ihrer Arbeit voneinander abhängig. Daher wird bei dieser Arbeitsweise größerer Wert auf die verschiedenen Stärken des Tandems und Funktionen der einzelnen Aufgaben gelegt.

Job Sharing nimmt – ähnlich wie Homeoffice – einen immer zentraleren Stellenwert bei den Arbeitsmodellen ein und erfordert die Bereitschaft zu intensiver Zusammenarbeit. Dadurch werden wichtige Kompetenzen wie Organisations- und Kommunikationsfähigkeit sowie Zeitmanagement gefördert.

Tipps zum Implementieren

Der HR-/People-/Talent- und Organization-Bereich ist dafür verantwortlich, dass die arbeitsrechtlichen Rahmenbedingungen für das Job-Sharing-Modell geschaffen werden. Um geeignete und verantwortliche Personen zu finden, sind klare Stellenausschreibungen und eine hohe Transparenz in der Erwartungshaltung erforderlich. Leitfäden und Beispiele für Job-Sharing-Modelle erleichtern Führungskräften, solche Möglichkeiten für ihre Mitarbeiter zu schaffen. Zudem bauen sie Vertrauen auf, damit sich Mitarbeiter eine solche Arbeitsweise vorstellen können. Weiter können Vermittlungsplattformen beim Finden von Tandems helfen. Erfolgreiche Beispiele lassen sich bei dem Hamburger Unternehmen Beiersdorf finden, wo Tandems über eine interne Job-Sharing-Plattform vermittelt werden.

Am Anfang kann es hilfreich sein, das Tandem bei der Aufgabenteilung und den Absprachen zu unterstützen. Ein regelmäßiger Ablauf und organisierte Routinen können helfen, sich auf dieses neue und flexible Arbeitsmodell einzulassen und darin arbeitsfähig zu werden. Hier können regelmäßige Retrospektiven (s. Hack „Retrospektiven") gemeinsam durchgeführt werden, um sich institutionalisiert miteinander weiterentwickeln zu können.

Bärbel arbeitet im Office Team mit ihrem Job-Sharing-Partner Finn auf einer Vollzeit-stelle zusammen. Sie teilen sich hier nicht nur die Stelle, sondern haben auch ver-schiedene Funktionen als Office Team ermittelt und untereinander aufgeteilt. Sie bevorzugen es, miteinander zu arbeiten, und sehen sich als Pairing-Partner. In ihren früheren Jobs haben sie herausgefunden, an welchen Teilaufgaben sie innerhalb ihrer Tätigkeit mehr Spaß haben und was ihnen eher liegt. Während Finn die Kommuni-kation mit dem Marketing übernimmt, organisiert Bärbel verstärkt die Angelegen-heiten der Geschäftsführung. Beide kümmern sich gleichermaßen verantwortlich um die allgemeine Organisation im Büro. Dabei fallen Aufgaben wie Abrechnungen, Gehaltsvereinbarungen und Korrespondenzen in den Aufgabenbereich von beiden. Sie organisieren ihre Arbeit durch wöchentliche Meetings (= Weeklies), bei denen sie den Arbeitsaufwand schätzen sowie Prioritäten setzen. Ihren täglichen „Pow-er-Office-Coffee" (POC) nutzen sie für dringliche Aufgabenverteilung neben ihrer gewohnten Arbeit. Bärbel empfindet als dreifache Mutter weniger Stress, da sie mit Finn jemanden an ihrer Seite hat, der sie unterstützt und ihr unliebsame Aufgaben (z. B. Kommunikation mit dem Marketing) abnimmt. Finn hat durch das Job Sharing die Möglichkeit, einen Teil der Organisationsaufgaben abzugeben, und lernt von Bär-bel als „altem Hasen" mehr über die Unternehmenskultur und die dortigen Umgangs-formen.

Mögliche Herausforderungen

Die größte Herausforderung beim Job Sharing stellt wohl das Finden des „richtigen" Tandem-Partners (= Matching) dar. Hier ist es wichtig, dass die Aufgaben detailliert und nachvollziehbar beschrieben werden. Zudem benötigen Tandems eine gewisse Kompe-tenz zur Reflexion, um zu wissen, was sie können und leisten wollen bei einer intensiven Zusammenarbeit. Auch hier hilft es, die Grundlagen der Zusammenarbeit herauszu-arbeiten (s. Hack „Prime Directive") sowie eine ehrliche Feedback-Kultur zu entwickeln (s. Hack „Feedback-Kultur").

Besonders wichtig ist es aber, auch Vorurteile und Bedenken zu diesem Arbeitsmodell abzubauen, die es verhindern, dass Mitarbeiter sich auf Job Sharing einlassen. Es ist sinnvoll, weitere Angebote, die die Work-Life-Balance erhöhen, zur Verfügung zu stel-len: So ist beispielsweise die Möglichkeit zur Weiterbildung, für soziales Engagement oder zum Ausbau von persönliche Interessen wichtig.

Weiterhin sollten die Job-Sharing-Partner über eine hohe Kommunikationsstärke verfügen, um gut in diesem Arbeitsmodell miteinander arbeiten zu können. Hier kön-nen sich Bootstrappings (s. Hack „Bootstrapping") anbieten oder Kommunikations-schulungen, die die grundlegende Zusammenarbeit regeln und verbessern.

Kanban

Schwierigkeit	Aufwand	Zielgruppe
●	●	$\overset{o}{\Lambda} + \overset{o\ o\ o}{\text{mm}}$

▶ Kanban kann als Projektmanagement Tool verstanden werden, das den Prozess in iterativen Schritten stetig verbessert.

Warum wichtig – Nutzen und Impact

Kanban führt grundlegend zu mehr Transparenz und Alignment in Teams. Es beinhaltet eine leicht zugängliche Vorgehensweise, das die Arbeitsweisen und den Fortschritt im Team, aber auch die möglichen Probleme aufzeigt sowie kontinuierlich zu Verbesserungen beiträgt. Dadurch führt Kanban zu einer klaren Aufgabenteilung, schafft eine höhere Wertschöpfung im Team und macht es fit für den Unternehmenszweck (= fit for purpose). Da Kanban in kleinen Iterationen durchgeführt wird, sinkt die Hemmschwelle, das Tool auszuprobieren.

Beschreibung

Kanban setzt sich zunehmend in der Arbeit mit Teams sowie im Change Management durch. Das liegt vor allem daran, dass Kanban sehr leicht zu verstehen, in der Ausführung transparent und durch die Darstellung des Fortschritts motivierend ist. Zudem kann es vielfältig eingesetzt werden, da sowohl Start-ups als auch Konzerne mit Kanban arbeiten können.

Grundlegend geht es bei Kanban darum, den aktuellen Workflow, den „Work in Progress", (WIP) und die vorhandenen Schwierigkeiten bzw. Engpässe aufzuzeigen. Dafür werden die aus vielen Unternehmen bekannten Kanban Boards und Sticky Notes verwendet. Digitale Boards können auch zum Einsatz kommen – das hängt davon ab, wie das Team arbeiten möchte und was für die Teammitglieder stimmiger ist. Auf den Boards wird mindestens in dem Dreiklang „To Do, Doing, Done" die Arbeit in Spalten organisiert und geregelt. Dabei steht jede Karte für eine Aufgabe und wandert in den Spalten von links nach rechts auf dem Board. Im vorgelagerten Backlog (= unsortierter Themenspeicher) werden die Aufgaben gesammelt, heruntergebrochen und in einzelne Tickets formuliert. Durch die Visualisierung gelingt es, dass sich die Teammitglieder jederzeit einen Überblick über den Status der Arbeitsschritte und Aufgaben verschaffen können, zur Erhöhung von Transparenz, Flexibilität und Motivation. Das Team erkennt viel leichter, wie viel Zeit es in bestimmte Aufgaben investiert, wer an den Aufgaben arbeitet,

aber auch wie viel tatsächlich ansteht oder bereits bearbeitet wurde. Das kann dazu führen, dass sich Teams im Laufe der Zeit immer besser einschätzen lernen und dadurch
produktiver, zufriedener und effektiver arbeiten. Diese Vorgehensweise entspricht dem
Grundgedanken von Kanban, der von Taiichi Ohno in der japanischen Toyota Motor
Corporation geprägt wurde, wo das Tool vor allem dazu diente, Kapazitäten effektiver zu
verteilen.

Tipps zum Implementieren
Auch wenn Kanban ein Tool für evolutionären Wandel und dadurch leichter zu implementieren ist, sollte es im Sinne der Methode in kleinen Schritten eingeführt werden.
Es sollte also erst in einem Team oder in einem Projekt damit gestartet werden. Die
Teammitglieder sollten über eine grundlegende Neugierde und Veränderungsbereitschaft verfügen, was ein transparentes und offenes Miteinander einschließt. Dabei kann
es helfen, wenn zunächst ein Teammitglied und der Lead die Ownerschaft für Kanban
übernehmen. Im besten Fall hat sich das Team oder der Owner in der Kanban-Methode
schulen lassen. Doch vor allem sollten die Teammitglieder sich eine Weile Zeit nehmen, um eine solche Vorgehensweise für sich zu testen und ihre Erfahrungen damit zu
machen. Am einfachsten ist es bei Skepsis im Team, das Kanban Board und dessen Einsatz als Experiment vorzuschlagen, welches nach einem definierten Zeitraum reflektiert
und auf Erfolg geprüft wird. Auf diese Art werden schon im Vorhinein potenzielle Hür-
den abgebaut und mehr Bereitschaft geschaffen, Kanban anzunehmen.

Wichtig ist ebenfalls, dass die Teammitglieder ihre Aufgaben kennen und diese unterteilen können. Regelmäßige Meetings (z. B. „Dailies") und vereinbarte Besprechungen
(z. B. Retros) helfen, die jeweiligen Aufgaben zu besprechen, die Arbeitsprozesse aufzuzeigen und Probleme zu artikulieren. Hier kann eine vorab festgelegte Arbeitsweise
(s. Hack „Prime Directive") helfen, den Arbeitsfluss aufrechtzuhalten.

Beispiel

Für ein neues Projekt wird erstmalig ein interdisziplinäres Team in einem klassischen,
mittelständischen Unternehmen in Zagreb, Kroatien, gegründet. Alle Teammitglieder
stammen ursprünglich aus verschiedenen Teams, haben unterschiedliche Leads und
andere Hauptverantwortlichkeiten. Die einzelnen Teammitglieder sind zwar sehr motiviert, aber auch skeptisch gegenüber dieser Form der Teamarbeit, weil sie einen enor-
men Mehraufwand befürchten. Dennoch sind alle bereit, dem Projekt eine Chance zu
geben. Daher starten sie erwartungsvoll in die Arbeit, sind aber schon nach wenigen
Wochen ernüchtert und sehen ihre Befürchtungen bestätigt: Chaos ist ausgebrochen,
niemand weiß genau, woran der andere arbeitet, wann die jeweiligen Teilaufgaben
fertig sind und ob das Gesamtprojekt im geplanten Rahmen überhaupt zu schaffen
ist. Nach einer unerfreulichen Teambesprechung mit allen entscheidet die Unternehmensführung, den Agile Coach Markus mit ins Boot zu nehmen, um das Projektteam bei seiner Herausforderung strukturell zu unterstützen. In einem intensiven und

für alle Beteiligten anstrengenden Teammeeting, in dem das bisherige Projekt noch-
mal reflektiert wird, schlägt der Markus vor, die Aufgaben im Projekt mit Kanban zu
organisieren. Die Teammitglieder stöhnen bei dem Vorschlag: „Jetzt soll ich auch noch
Kärtchen schreiben?" Nach kurzer Einführung kann Markus verdeutlichen, dass durch
die Kanban-Aufteilung in „To Do", „Doing" und „Done" viele Schwierigkeiten aus
dem Team aufgegriffen und strukturiert werden können. Zudem muss kein komplizier-
tes System erlernt und gepflegt werden, sondern man schreibt eben einfach Kärtchen.
Das Team einigt sich auf die simpelste Form von Kanban und beschließt, alle Aufgaben in einem Backlog zu sammeln und den „Work in Progress" (WIP) mit „To Do",
„Ding" und „Done" zu organisieren. Also werden die jeweiligen Aufgaben in einzelne
Task/Tickets heruntergebrochen, auf Karten notiert und auf dem Board im Backlog
gesammelt. Bereits hier zeigt sich, dass die vielen Aufgaben in dem abgesteckten Zeitplan nicht erledigt werden können und zeitweise weitere Unterstützung eingeholt werden muss. Eine weitere Erkenntnis ist, dass Aufgaben unter bestimmten Personen im
Team aufgeteilt werden können, woraufhin die Verantwortlichen auch auf den Tickets
notiert werden. Eine weitere Diskussion entsteht bei der Karte „Done", da es verschiedene Meinung gibt, wann eine Aufgabe erfüllt und in „Done" wandern kann. Mit
Markus' Unterstützung werden hierfür Kriterien abgeleitet (Definition of Done). Nach
drei Tagen „an der Klagemauer" (wie das Team das Kanban Board anfänglich nennt)
wird deutlich, dass die Teammitglieder eine besser fokussierte Absprache brauchen.
und sie stimmen widerwillig einem Daily zu. Zum „Klagen" finden sie sich täglich um
9.30 Uhr ein, erkennen aber nach und nach den Sinn darin. In der zweiten Woche wird
das Kanban Board zur „Kartenmauer" und das Daily zum „Maurertreff". Durch das
„To Do" legt das Team besser und schneller die Prioritäten im Projekt fest, durch das
„Doing" sehen die Teammitglieder den „Work in Progress" WIP, und dadurch, dass
Karten im Backlog verschwinden und im „Done" gesammelt werden, wird für alle
(auch für andere Teams) der Fortschritt im Projekt sichtbar. Eine regelmäßige Retrospektive (s. Hack „Retrospektiven") trägt dazu bei, dass sich die Teammitglieder in
definierten Abständen zur Arbeitsweise, zum Arbeitsfortschritt und den Ergebnissen
austauschen und ihren gemeinsamen Arbeitsprozess über die Zeit des Projektes immer
weiter verbessern.

Mögliche Herausforderungen

Kanban ist eine Veränderung, die das gesamte Team betrifft und die bisherige Arbeitskultur beeinflusst. Nutzen, Vorteile und Chancen sollten regelmäßig aufgezeigt und in
Retrospektiven besprochen werden. Jedes Team sollte die Möglichkeit erhalten, team-
spezifische Anpassungen vorzunehmen, und die Kanban Boards flexibel auf dessen
Arbeit auszurichten. Das setzt allerdings eine kontinuierliche Auseinandersetzung und
Bereitschaft der Teammitglieder voraus. Sie werden so erkennen und erleben, dass Kan-
ban mehr als nur eine Managementmethode ist und auf die gesamte Wertschöpfung im
Team Einfluss nimmt.

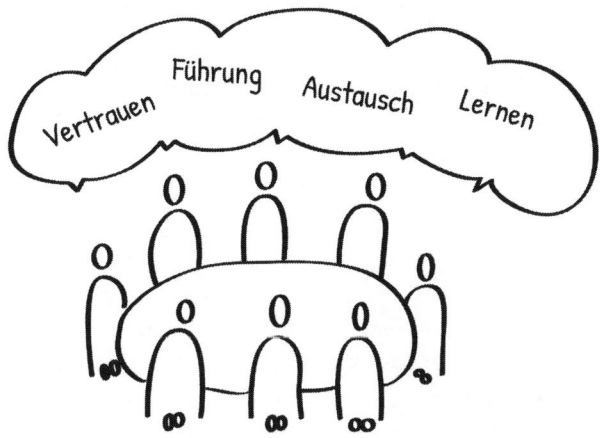

Abb. 6 Kanban

Nicht jedem fällt es leicht, die eigene Arbeit vor allen Teammitgliedern transparent zu machen und offenzulegen, wie viel wirklich geschafft wird. Hier sind Teambuilding, Vertrauen und eine respektvolle Arbeitsweise die Grundvoraussetzung, um im Kanban auch die Vorteile zu erfahren und ausleben zu können. Dazu sind übergeordnete Kompetenzen, die Management und Führung beinhalten und über die Fachexpertise hinausgehen, erforderlich.

Um Kanban gewinnbringend einsetzen zu können, muss die Arbeit auch in kleine Schritte bzw. Aufgaben eingeteilt werden können. Es ist vom Team zu prüfen und zu entscheiden, bei welchen Aufgaben das der Fall ist (vgl. Abb. 6).

Zeitmanagement und „richtiges" Einschätzen müssen gelernt werden und können anfänglich zu Frust führen. Gesammelte Erfahrungen Geduld können das Ergebnis in Kanban positiv beeinflussen und bessere Einschätzungen in der Zukunft ermöglichen.

Knowledge Sharing Formats

Schwierigkeit	Aufwand	Zielgruppe
●	● ●	$\overset{\scriptstyle o}{\wedge}$ + $\overset{\scriptstyle o\,o\,o}{\mathsf{m}}$ + $\overset{\scriptstyle o\,o\,o\,o\,o\,o\,o}{\mathsf{mmm}}$

▶ Knowledge Sharing Formats sind organisierte Veranstaltungsformen zum aktiven Wissensaustausch unter Mitarbeitern.

Warum wichtig – Nutzen und Impact

Neben dem Faktor Zeit ist Wissen in der heutigen Arbeitswelt das höchste Gut. Wissen zu organisieren, zugänglich und für Mitarbeiter nutzbar zu machen, wird zunehmend Teil einer durchdachten und zukunftsorientierten Unternehmenskultur. Unterschiedliche Knowledge-Sharing-Formate ermöglichen Mitarbeitern regelmäßiges Lernen im eigenen Unternehmen, das über deren Fachexpertise hinausgeht, motivieren und machen Spaß.

Beschreibung

Die Herausforderungen in der heutigen Arbeitswelt tragen wesentlich dazu bei, dass die Möglichkeit zur unternehmensinternen Wissenserweiterung bedeutsamer wird und von Mitarbeitern erwartet wird. Wissensaustausch und -vernetzung in modernen Veranstaltungsformen wie Barcamps, Demodays, Week of Learning, COPs oder Meetups zu organisieren, steigert die Attraktivität des Unternehmens und bindet die Mitarbeiter sowie deren Kompetenzen ans Unternehmen. Knowledge-Sharing-Formate fokussieren dabei nicht nur auf die fachliche Expertise und das Training der Mitarbeiter (s. Hack „Inhouse Trainings"), sondern haben als Teil der Unternehmenskultur die Aufgabe, die Menschen im Unternehmen miteinander zu verbinden und routiniert lernen zu lassen. Dabei unterscheiden sich die verschiedenen Formate in Dauer, Ausrichtung, Größe, Themen und Dynamik voneinander und sind auf die Bedürfnisse der Mitarbeiter ausgerichtet. Der Schwerpunkt liegt darin, dass Wissen geteilt sowie gelehrt werden will und das Unternehmen lernt, intern zu wachsen und das eigene Potenzial zu nutzen. Dabei werden der Hierarchieabbau und Eye-to-eye Learning gefördert, da über das gesamte Unternehmen hinweg alle Funktionen und Rollen zu einem Lernbereich zusammenkommen, miteinander lernen und Mitarbeiter so näher zusammenrücken. Das Lernen in Knowledge-Sharing-Formaten ist interessenabhängig und ressourcenorientiert.

Tipps zum Implementieren

Um Knowledge-Sharing-Formate im Unternehmen zu etablieren, ist es unabdingbar, dass die Führungsebene diese aktiv unterstützen und befürworten. Dies kann zum einem dadurch bewirkt werden, dass Führungskräfte selbst an unterschiedlichen Formaten partizipieren oder eigene Angebote erarbeiten und durchführen. Zum anderen ist es wichtig, dass sie den Rahmen schaffen, der es ihren Mitarbeitern ermöglicht, an verschiedenen Wissensaustauschen teilzunehmen oder diese vorzubereiten. Mitarbeiter sollten grundsätzlich ermuntert werden, aktiv Angebote wahrzunehmen und ggf. selbst anzubieten, ohne diese als weiteren Stressfaktor zu bewerten, sondern als Bereicherung und Investition in sich selbst, ihre Kollegen und das Unternehmen. Ebenso kann der HR-/People-/Talent- und Organization-Bereich oder eine Gruppe von erfahrenen Trainern bei der Konzipierung sowie Gestaltung der Knowledge-Sharing-Formate unterstützen. Die professionelle Begleitung trägt dazu bei, dass Mitarbeiter schneller und besser ihre Ideen umsetzen können und auch Freude an der Wissensvermittlung entwickeln. Eine übersichtliche und für alle leicht zugängliche Zusammenstellung der angebotenen Knowledge-Sharing-Formate, die im besten Fall darüber hinaus Zusatz- informationen sowie eine schnelle, unkomplizierte Anmeldung bietet, vereinfacht eine Implementierung.

Beispiel

May ist Lead im Personalbereich eines australischen Internet-Start-ups und unzufrieden mit ihrem Zeitmanagement. Sie möchte vor allem durch morgendliche Routinen mehr Struktur in ihren privaten sowie beruflichen Alltag bringen. Im unternehmensinternen Knowledge-Sharing-Katalog findet sie bei ihrer Suche ein über zwei Wochen täglich stattfindendes „Morning Work MeetUp". Darin berichtet der Entwickler Maikel, der jahrelang selbstständig gearbeitet hat, über die Chancen und Herausforderungen eines strukturierten Tagesbeginns. Er teilt seine Erfahrungen mit Morning Work und bie- tet der Gruppe an, in dem einstündigen Meeting erste Morgenroutinen für sich selbst herauszuarbeiten und sich mit anderen darüber auszutauschen. Dort lernt May mehr über Routinen und stellt fest, dass sie mit ihrer Unzufriedenheit nicht alleine ist. Nach den zwei Wochen hat sie bereits eine bessere Routine für ihre morgendliche Arbeit und ein Netzwerk von Gleichgesinnten, die sich gegenseitig bei der Herausforderung unter- stützen. Sie beginnt. in Zusammenarbeit mit Maikel regelmäßig „Morning Routine Workshops" anzubieten. Beide überlegen, wie viel Zeit sie dafür aufwenden können, und entscheiden, dass sie erst einmal je eineinhalb Stunden pro Woche investieren und damit zum gemeinsamen Unternehmenswachstum beitragen.

Mögliche Herausforderungen

Wenn Mitarbeiter keinen geeigneten Rahmen für weiterer Wissenserwerb oder -ver- netzung erhalten, werden sie neben oder zusätzlich zu ihrem normalen Arbeitspensum nicht motiviert sein, an einem Wissensaustausch teilzunehmen – geschweige denn selbst einen zu organisieren. Hier sollten Führungskräfte bzw. die Unternehmensführung einen flexiblen Umgang fördern, damit Mitarbeiter selbst einschätzen lernen, wie viel Zeit und Engagement sie investieren können. Hacks wie Estimation Poker oder regelmäßig den Status quo challengen sind dabei hilfreich und von Führungskräften anzuwenden. Google beispielsweise stellt seinen Mitarbeitern einen prozentualen Teil ihrer norma- len Arbeitszeit für Lernen und Weiterbildung zur Verfügung, der nach Bedarf und Aus- richtung individuell genutzt werden kann. Grundsätzlich können Menschen gehemmt reagieren, wenn sie mit anderen Menschen aus den unterschiedlichen Unternehmens- hierarchien zusammenkommen, um zu lernen. Darauf kann durch eine Vielfalt von ver- schiedenen Formaten, die Groß- und Kleingruppen einschließen, reagiert werden (vgl. Abb. 7). Zudem ist der Interessen- bzw. Themenfokus in den Mittelpunkt zu stellen. Ein professionelles Team von Trainern sollte die Knowledge-Sharing-Formate begleiten, den Organisatoren Unterstützung bei Fragen oder Problemen bieten und gemeinsames Reflektieren ermöglichen.

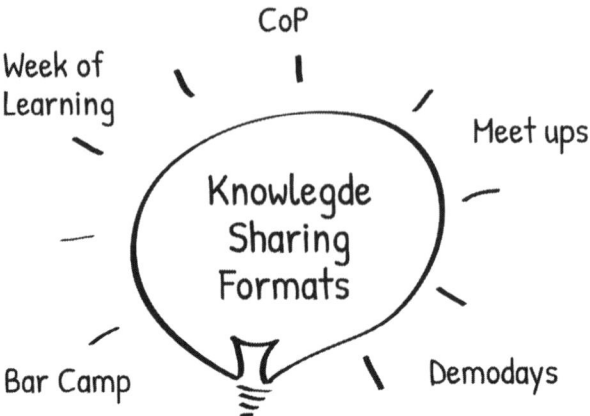

Abb. 7 Übersicht zu Knowledge Sharing Formats

Leadership Roundtable

Schwierigkeit	Aufwand	Zielgruppe
●	●	ᠬᠬᠬ

▶ Leadership Roundtable ist ein Peerformat, in dem Führungskräfte sich gemeinsam offen und vertrauensvoll austauschen, beraten und unterstützen können.

Warum wichtig – Nutzen und Impact

In Zeiten stetiger Veränderung und neuer Anforderungen ist es immens wichtig, sich über individuelle Herausforderungen auszutauschen, Tipps zu erhalten und neue Handlungsmöglichkeiten zu generieren. Hierbei kann ein Leadership Roundtable ein wichtiges Format sein, in dem Führungskräfte ihre Anliegen auf Augenhöhe und ähnliche Herausforderungen bearbeiten können. Sie erhalten einen geschützten Raum, in dem sie sich über ihre individuellen Herangehensweisen und Erfahrungen austauschen können. Der Vorteil eines Leadership Roundtables ist, dass sich eine Führungskraft nicht zwangsläufig mit ihrer eigenen Führungskraft auf der nächsthöheren Ebene über diese Themen auseinandersetzt, sondern mit verschiedenen Führungskräften aus dem Unternehmen, die nicht in direkter Abhängigkeit zu ihr stehen. Hierbei werden neue Blickwinkel mit ähnlichem Hintergrund konstruktiv ausgetauscht und zur Bereicherung der eigenen Fragestellung genutzt. Des Weiteren ermöglicht ein Leadership Roundtable Vertrauensbildung über die eigene Abteilung hinaus.

Beschreibung

Bei einem Leadership Roundtable, manchmal auch Kamingespräch, Roundtable, Guilde, Peer Coaching o. Ä. genannt, setzen sich in relativ regelmäßigen Abständen Führungskräfte in einem festgelegten Raum oder an einem ruhigen Besprechungsort im Unternehmen zusammen und besprechen gemeinsam ihre Themen. Hierbei ist es wichtig, dass es keine feste Agenda gibt, sondern Themen je nach Bedarf besprochen werden können. Hieraus ergibt sich, dass es keine Anwesenheitspflicht gibt, sondern je nach Bedarf und Interesse Führungskräfte an diesem Format teilnehmen. Konstruktive Leadership Roundtables haben häufig einen festen Kern an Führungskräften, die regelmäßig teilnehmen und eine gemeinsame Kommunikations- und Vorgehenskultur entwickelt haben. Unter Umständen kann es sinnvoll sein, bestimmten Personen Verantwortung zu übertragen, damit eine gewisse Übersicht, Ownership und Konstruktivität gegeben sind. Hierbei kann es sich z. B. um eine erfahrene Führungskraft oder eine Führungskraft mit Moderations- und Coachingkompetenzen handeln. Wichtige Themen des Leadership Roundtables können sein:

- eigenes Führungsverhalten,
- Umgang mit Konflikten und Herausforderungen,
- Veränderungen in der eigenen Abteilung oder im eigenen Team,
- Konflikte mit Teammitgliedern, der eigenen Führungskraft oder anderen Bereichen des Unternehmens,
- weitere, persönliche Anliegen, die in dieser Runde ihren Platz finden können.

Wichtig ist, dass die „Las Vegas Regel" eingehalten wird, die so viel bedeutet wie „Alles, was im Leadership Roundtable besprochen wird, bleibt auch im Leadership Roundtables" und wird nicht nach außen getragen. Es sei denn, es wird ausdrücklich darüber gesprochen, dass das geschehen kann (z. B. aufgrund wichtiger Informationen und Erkenntnisse, die geteilt werden sollen). Ansonsten ist es wichtig, Leadership Roundtables auf einem vertrauensvollen und auf Respekt bedachten Niveau durchzuführen. So sind Führungskräfte eher bereit, über herausfordernde Themen und Verwundbarkeiten zu sprechen, ohne Konsequenzen fürchten zu müssen. Im Gegenteil, das Format soll dazu beitragen, dass sie Kraft und neue Ideen für sich selbst und die eigene Arbeit im Unternehmen gewinnen können.

Tipps zum Implementieren

Gerade zu Beginn ist es wichtig, genügend Informationen über das Format bereitzustellen, den Rahmen zu schaffen und die ersten Treffen so zu organisieren, dass es anschließend ein selbstorganisiertes Format werden kann. Des Weiteren ist zu empfehlen, eine offene Diskussion darüber zu führen, ob eine Person aus dem HR-/People-/Talent- und Organization-Bereich dabei sein soll und darf oder ob die Führungskräfte in einem für sich geschlossenen Kreis arbeiten möchten. Beides hat Vorteile: In einem geschlossenen Kreis ohne HR-/People-/Talent- und Organization-Bereich kann die

Gruppe tatsächlich abgeschlossen und kohärent agieren. Die Anwesenheit von HR-/People-/Talent- und Organization-Bereich ermöglicht, dass fachliche Tipps zum Umgang mit Veränderungen, Herausforderungen und Konflikten gegeben werden können, die die Diskussionen inhaltlich bereichern. Es gilt, herauszufinden und zu besprechen, was sinnvoll ist und was nicht. Gegebenenfalls kann es ratsam sein, einen Leadership-Roundtable-Verhaltenskodex gemeinsam zu vereinbaren und diesen z. B. auf einem Flipchart aufgeschrieben mitzubringen und an die Wand zu hängen. Am Anfang des Leadership Roundtables sollte eine Themensammlung angelegt werden, um einen Überblick darüber zu erhalten, mit wie vielen Themen man sich in dem jeweiligen Treffen beschäftigen kann, und um aktives Zeitmanagement zu betreiben. Basic Moderation Skills sind hierfür vorteilhaft und sollten von Führungskräften erwartet werden können.

> **Beispiel**
>
> Ein Unternehmen im Süden Deutschlands hat sich auf die Fahnen geschrieben, sich zu modernisieren und flexibler in den Arbeitsstrukturen sowie in der Führung zu werden. Viele Führungskräfte sind damit anfänglich überfordert, da sie nicht wissen, wie sie sich verhalten sollten und wie Führung jetzt konkret auszusehen hat. Ein Leadership Roundtable wird von Wolfgang einberufen, der in einem anderen Unternehmen von dem Format gehört hat. Gemeinsam wird besprochen, welche Verhaltensweisen in der neuen Situation möglich sind. Die Führungskräfte teilen ihre Meinungen und ihre Erfahrungen. Dabei stellen sie immer wieder fest, dass sie ähnliche Schwierigkeiten und Fragen haben: Ihnen fehlen Informationen, um ihren neuen Leadership-Stil tatsächlich professionell und authentisch ausführen zu können. Das Ergebnis der ersten Runden des Leadership Roundtables ist es, an das Top-Management die Bitte zu richten, das neue Führungsverhalten und den Führungsstil noch einmal deutlicher zu erklären, Beispiele zu liefern und in einen offenen Dialog mit dem Middle Management zu treten, damit erfolgreiche Führung in Zukunft besser gelingen kann. Nur durch den gemeinsamen offenen Austausch in dem Format wurde den Führungskräften bewusst, dass nicht nur sie als Individuum, sondern als Kollektiv konkrete Leitbilder für den neuen Führungsstil brauchen. Gemeinsam mit dem General Manager Frank wird entschieden, dass von nun in jeder zweiten Sitzung er oder eine andere Person des Führungskreises dabei sein wird und direkt auf Fragen eingehen kann. Zusätzlich stimmt er zu, Workshops und Trainings organisieren zu lassen, sodass mehr Klarheit in Bezug auf den neuen Leadership-Stil herrscht und damit konkrete Handlungsmöglichkeiten des neuen Leadership-Stils erkannt und erprobt werden können.

Mögliche Herausforderungen

Es kann passieren, dass Führungskräfte sich nicht trauen, offen und ehrlich über ihre persönlichen Themen zu sprechen. Hier bietet sich an, in ein Gespräch über Vertrauen, einen sicheren Rahmen und das Potenzial dieses Formates zu gehen. Bei fehlender Ownership ist es wahrscheinlich, dass dieses Format nach einiger Zeit wieder einschläft.

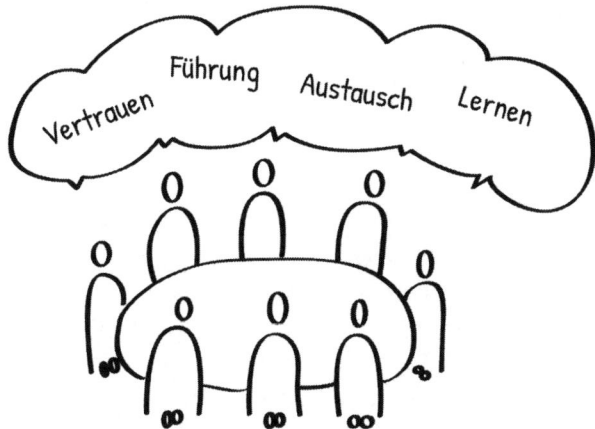

Abb. 8 Leadership Roundtable

Zu empfehlen ist auch, automatisierte Reminder und Kalendereinträge einzurichten, damit die Führungskräfte so wenig Zusatzarbeit wie möglich für haben. Wenn, wie oben schon genannt, eine Person aus dem HR-/People-/Talent- und Organization-Bereich anwesend ist, kann es vorkommen, dass Führungskräfte das Format eher dazu nutzen, Forderungen und Wünsche zu stellen. Entscheidend ist in einem derartigen Fall, dass die entsprechende Person über ihre Rolle und Funktion in dem Format Bescheid weiß und dies transparent mitteilen kann. Damit wird ihre Rolle geklärt und sie kann als konstruktives Mitglied einen Mehrwert bringen (vgl. Abb. 8).

Lifestyle Perks

Schwierigkeit	Aufwand	Zielgruppe
●	● ●	⋔ + ⋔⋔⋔⋔⋔⋔

▶ Lifestyle Perks sind Angebote eines Unternehmens, die über den normalen Standard hinausgehen und den Arbeitsort attraktiver machen.

Warum wichtig – Nutzen und Impact
Um einen attraktiven Arbeitsort als Unternehmen anbieten zu können, ist es wichtig, diesen auf produktives Arbeiten, die Zufriedenheit der Mitarbeiter und auf weiterführende Angebote hin auszurichten. Auf diese Weise kann unterstützt werden, dass Mitarbeiter

sich untereinander besser vernetzen, mehr Begeisterung für das Unternehmen entsteht und die Gesamtzufriedenheit erhöht wird, was wiederum zur besseren Arbeitsleistung und der Weiterempfehlung des Unternehmens als Arbeitgeber durch die Mitarbeiter (= Word of Mouth) führt.

Beschreibung

Lifestyle Perks sind oftmals Angebote und Möglichkeiten, die in traditionellen Unternehmen als überflüssig gesehen werden, wie beispielsweise kostenloses Obst, Duschen, Kita, Fahrradverleih und Snacks gesehen werden sowie die vom Unternehmen mitfinanzierten Sportangebote. Lifestyle Perks können sowohl kostenlose als auch teilfinanzierte Angebote sein. In New-Work-Kontexten sind Unternehmen häufig in diesem Bereich bereits sehr gut aufgestellt und ziehen damit junge Mitarbeiter an. Graue Büros und selbst zu zahlender Instantkaffee aus dem Automaten schreckt mehr ab, als dass sie einladend wirken und werden auch durch außerordentlich hohes Gehalt wenig kompensiert. Denn „Kontext ist King" – ein Arbeitsort sollte auch das Lebensgefühl seiner Mitarbeiter widerspiegeln und auf deren Bedürfnisse ausgerichtet sein, wie z. B. durch Napping Rooms oder einen offenen Sportbereich. Gut eingesetzte Lifestyle Perks geben dem Unternehmen einen modernen und kosmopolitischen Touch und passen damit gut zum Lebensstil junger und gut qualifizierter Mitarbeiter. Des Weiteren stehen Lifestyle Perks wie z. B. kostenlose Monatstickets des öffentlichen Nahverkehrs sowie frei verfügbare Fahrräder für einen ressourcenschonenden Umgang mit der Umwelt und passen damit zum Mindset der Mitarbeiter in New-Work-Kontexten. Zu beachten ist der konkrete praktische Nutzen von Lifestyle Perks, die das Unternehmen nicht viel Geld kosten, jedoch für Mitarbeiter einen großen Mehrwert bringen. Die Biokiste mit frischem kostenlosen Obst ist ein gutes Beispiel hierfür. Mitarbeiter können sich zwischendurch gesund ernähren, ohne dafür von zu Hause Obst mitbringen, Geld ausgeben oder extra dafür während der Arbeitszeit einkaufen gehen zu müssen. Angebote wie Zirkeltraining oder Tanzen nach der Arbeit können als bewusste Investition ins Gesundheitsmanagement gesehen werden und erhöhen gleichzeitig die Attraktivität als Arbeitgebers. Als Unternehmen bietet sich also an, sich bewusst zu überlegen, wie der Arbeitsort für Mitarbeiter attraktiver gestaltet werden kann und inwiefern sich das Unternehmen damit von anderen Unternehmen absetzen kann. Wichtig ist, dass die Lifestyle Perks zum jeweiligen Unternehmen passen und eine tatsächliche und nutzwertige Ergänzung darstellen.

Tipps zum Implementieren

Wenn im Unternehmen entschieden wird, Lifestyle Perks einzuführen, bietet es sich an, die Mitarbeiter zu befragen, was ihren Arbeitsalltag besser machen würde. Auf diese Weise wird sichergestellt, dass die neuen Extras auch den Bedürfnissen und Wünschen der Mitarbeiter entsprechen und nicht in der Ecke verstauben oder nicht genutzt werden. Wenn Lifestyle Perks neu eingeführt werden, sollten diese auf einem Kommunikationskanal des Unternehmens verkündet und in einer Übersicht von

Mitarbeitern auffindbar festgehalten werden. Auf diese Weise wird sichergestellt, dass alle Mitarbeiter um die neuen Möglichkeiten wissen und diese nutzen können. Grundsätzlich ist es ratsam, neue Lifestyle Perks als Experiment zu testen und sich anschließend Feedback einzuholen, ob das neue Angebot einen tatsächlichen Mehrwert für die Mitarbeiter bringt. Erst dann sollte es zum festen Bestandteil im Unternehmen werden.

Beispiel

Ein Start-up wächst und zieht in einen angesagten Bezirk um. Grundsätzlich verbessert sich alles – größere Büroräume, ein offener Café-Bereich, alles ist hell und ansprechend gestaltet. Das Einzige, was einigen Mitarbeiter nicht gut gefällt, ist die nun deutlich längere Fahrtzeit zur Arbeitsstelle. Mitarbeiterinnen wie Alex, die bisher von der Arbeit zehn Minuten nach Hause gebraucht haben und anschließend zum Yoga gegangen sind, können diese Routine nun nicht mehr beibehalten. Ihr wird es zu spät und der Hunger sowie das späte Essen lassen den gewünschten Verlauf des Feierabends von Anfang an entgleisen. Alex ist unzufrieden und überlegt, was sie dagegen tun kann. Sie fragt eine Woche lang im offenen Café-Bereich, ob auch andere grundsätzlich daran interessiert wären, nach der Arbeit auf der schönen neuen Eventfläche Yoga zu machen. Sie findet acht Interessierte und entschließt sich, die Gründer Moritz und Ben zu fragen, ob es möglich sei, die Eventfläche hierfür zu benutzen. Die beiden finden die Idee direkt gut und wollen die Initiative unterstützen. Alex soll sich darum kümmern, eine geeignete Person als Yoga Teacher zu finden, und die Orga und Absprachen verantwortlich übernehmen. Außerdem sagen Moritz und Ben zu, dass 50 % der Kosten für die Yoga Sessions vom Unternehmen übernommen werden, wenn die Nachfrage konstant und groß genug ist. Auf diese Weise gelingt es Alex, nicht nur ihre gewünschte Routine wieder aufzunehmen, sondern schafft es gleichzeitig, auch für andere Mitarbeiter ein neues attraktives Angebot im Unternehmen zu schaffen, wofür sie durch die finanzielle Unterstützung sogar weniger als vorher bezahlt. Nach der sechswöchigen Testphase werden die Yoga Sessions zum festen Bestandteil der Lifestyle Perks des Unternehmens.

Mögliche Herausforderungen

Die größte Herausforderung besteht darin, die richtige Balance zwischen Attraktivität und Mehrkosten der passenden Lifestyle Perks zu finden. Schwierig kann es werden, wenn Mitarbeiter nach einiger Zeit die verschiedensten Zusatzangebote als Selbstverständlichkeit ansehen. Sobald dann Lifestyle Perks beendet oder verändert werden, beschweren sich die Mitarbeiter. Dem kann teilweise entgegengewirkt werden, indem die Lifestyle Perks als Extra und als Investment des Unternehmens transparent gemacht werden. Für Start-ups und hippe IT-Unternehmen ist es sinnvoll, sich zu Beginn nicht zu sehr mit Lifestyle Perks zu belasten, die später wieder zurückgenommen werden müssen.

Mood Check

Schwierigkeit	Aufwand	Zielgruppe
● ●	● ●	$\overset{o}{\Lambda}$ + $\overset{ooo}{\cap\cap\cap}$ + $\overset{ooooooo}{\cap\cap\cap\cap}$

▶ Mood Check ist eine (regelmäßige) Stimmungsabfrage unter den Mitarbeitern, die für die Weiterentwicklung sowie Verbesserung im Unternehmen
genutzt wird.

Warum wichtig – Nutzen und Impact

Ein regelmäßiger Mood Check kann Mehrwert stiften zur Weiterentwicklung im Unternehmen und für dessen Veränderungsprozesse eingesetzt und genutzt werden. Der Mood
Check fungiert als Stimmungsbarometer, indem das erfasste Feedback aufzeigt, welche
bereits vollzogenen Veränderungen gut angenommen wurden und welche zukünftigen
Handlungen das Unternehmensklima verbessern können. Ein Mood Check erleichtert
es, zielgerichtet und an den Bedürfnissen der Mitarbeiter orientiert Weiterentwicklungen
voranzubringen. Die Stimmung im Unternehmen wird sichtbar gemacht und kann
Grundlage zur Veränderung werden.

Beschreibung

Ein Mood Check ist eine Stimmungsabfrage der Mitarbeiter eines Unternehmens.
Hierbei können Mitarbeiter sowohl ihre inhaltliche Meinung kundtun als auch über
ihre Stimmung und Zufriedenheit informieren. Das geschieht in der Regel anonym,
kann jedoch bei Wunsch der Feedbackgeber auch mit Namen adressiert werden. In
New-Work-Kontexten wird der Mood Check zum regelmäßigen Feedback immer mehr
eingesetzt (s. Hack „Feedback-Kultur") und durch digitale Services (am bekanntesten ist Officevibe, Alternativen sind z. B. Peakon oder Motivosity) einfach und ohne
großen Arbeitsaufwand durchgeführt. Es können dabei sowohl Skalierungsfragen
(„Wie zufrieden bist du derzeit auf einer Skala von 1 bis 10?") als auch offene Fragen („Was würdest du im Unternehmen für ein besseres Arbeitsumfeld ändern?") und
weitere Optionen genutzt werden. Häufig liegt die Verantwortung für den Mood Check,
dessen Abfrage inklusive Auswertung und Weitergabe der Ergebnisse entweder beim
HR-/People-/Talent- und Organization-Bereich oder dem Culture-Bereich des Unternehmens. Der Mood Check kann sich dabei auf die individuelle, die Team- oder Unternehmensebene beziehen. So können gleichzeitig bereichsspezifische Fragen sowie
unternehmensweite Themen abgefragt werden. Basierend auf den Ergebnissen, bietet

es sich an, in weiterführenden Formaten (s. Hack „Leadership Roundtable") über die Ergebnisse und Implikationen zu sprechen. Auf diese Weise wird sichergestellt, dass die Befragung nicht zum Selbstzweck wird, sondern einen tatsächlichen Mehrwert bringen kann. Das Abfragen der Stimmung und Meinung der Mitarbeiter ist in Zeiten von auf Daten basierenden Herangehensweisen (=Data-driven Approaches) eine Möglichkeit, über das eigene Bauchgefühl hinaus Kultur- und Change-Entscheidungen bestmöglich zu treffen und direkt über Feedback zu validieren.

Tipps zum Implementieren

Beim Implementieren eines Mood Checks sollte im Vorfeld überlegt werden, in welchem Turnus, mit welchem Zweck und auf welche Art und Weise dieser durchgeführt wird. Dabei ist darauf zu achten, dass alle wichtigen Informationen rund um die Befragung (Anonymität, Verwendung der Ergebnisse, mögliche Einsicht der Ergebnisse, Ansprechpersonen und Regelmäßigkeit der Abfrage) erläutert und transparent gemacht werden. Gerade zu Beginn der Implementierung ist es wichtig, aktiv und zeitnah die Ergebnisse und die daraus resultierenden Actions sichtbar zu machen, damit Mitarbeiter den Mehrwert des Mood Checks sehen.

Beispiel

Der Unternehmer Ben hat nach einem schlechten Geschäftsjahr unternehmensintern die Information geteilt, dass die Produktivität und Umsetzungsgeschwindigkeit sich erhöhen müssen, das Unternehmen teilweise neu strukturiert werden wird und Ideen der Mitarbeiter gerne in den Prozess eingebunden werden. Bei den Mitarbeitern entsteht infolge dessen Verunsicherung über die Zukunft des Unternehmens, wenngleich sie die Transparenz und Ehrlichkeit der Geschäftsführung schätzen. Um nun im Laufe der Veränderung so gut wie möglich die Stimmung der Mitarbeiter einschätzen zu können und den Mitarbeitern bestmöglich fehlende Informationen und neue Perspektiven anzubieten, wird ein regelmäßiger Mood Check initiiert. Alle zwei Wochen erhalten die Mitarbeiter die Befragung und geben Auskunft über ihr Befinden, ihre Einschätzung zu den initiierten Veränderungen und ihre eigenen Ideen für den erfolgreichen Wandel. Hierbei wird deutlich, das konkrete Beispiele der Geschäftsführung für Ben zum erfolgreichen Wandel nicht genug ausformuliert worden waren, was er nach wiederkehrendem Feedback verbessern kann. Gleichzeitig werden einzelne Ideen von Mitarbeitern, in denen Ben und sein Team Potenzial sieht, umgesetzt und die Mitarbeiter, wenn sie ihren Namen genannt haben, bei der Umsetzung hinzugezogen. So entstehen auch Ideen für Veränderungen aus der Mitte des Unternehmens heraus und schaffen gleichzeitig neue Aufgabenfelder für engagierte Mitarbeiter. Nach vier Monaten des regelmäßigen Mood Checks hat sich die Stimmung bereits verbessert, da sich die Transparenz erhöht hat und konkrete Projekte in die Umsetzung gegangen sind, die ohne die Ideen der Mitarbeiter nicht zustande gekommen wären. Mitarbeiter fühlen sich inhaltlich besser abgeholt und als aktiver Teil der Veränderung.

Mögliche Herausforderungen

Wenn viele Mitarbeiter der Anonymität der Befragung nicht trauen, werden sie nicht ehr-lich und konstruktiv an der Befragung teilnehmen, sondern vielmehr sozial erwünschte Antworten geben. Werden Ergebnisse und die weiterführende Bearbeitung der Ergeb-nisse nicht transparent gemacht, verlieren Mitarbeiter schnell die Motivation, an dem Mood Check teilzunehmen. Umso wichtiger ist es, dass weiterführendes Arbeiten mit den Ergebnissen im Unternehmen transparent dargestellt wird und die Mitarbeiter hier-bei aktiv eingebunden werden. So entsteht nicht nur mehr Vertrauen, sondern auch eine neue Form von gemeinschaftlichem Arbeiten über Hierarchieebenen hinweg.

Meeting Room Diversity

Schwierigkeit	Aufwand	Zielgruppe
●	●	၀ ၀ ၀၀ ၀ ၀ ၀

▶ Meeting Room Diversity bedeutet, unterschiedliche Meetingräume für ver-schiedene Arbeitsprozesse und Bedürfnisse von Mitarbeitern einzurichten.

Warum wichtig – Nutzen und Impact

In der Wissensarbeit fördern unterschiedliche Arbeitskontexte auf eigene Weise die Arbeitsprozesse und lassen damit Teammeetings produktiver werden. Deshalb ist es wichtig, dass je nach Arbeitsfokus und Vorgehensweise ein dafür passender Raum gewählt werden kann. Das erhöht den Fokus, die Zufriedenheit und die Leistung der Mit-arbeiter.

Beschreibung

Die Zeiten, in denen es nur sterile Besprechungsräume gab, sind zumindest in New-Work-Kontexten vorbei. Unterschiedlichste Besprechungsräume, die unterschied-lich gestaltet sind, erlauben Mitarbeitern, einen für sich und ihr Arbeitsanliegen passen-den Besprechungsraum zu finden. Basierend auf der Annahme, dass unterschiedliche Arten von Meetings durch verschiedene Settings unterstützt werden können, wird die Vielfalt von Besprechungsräumen zu einem interessanten, passiven Unterstützungs-faktor (= Indirect Enabling). Es geht dabei darum, dass die Besprechungsräume sinn-voll und in sich stimmig eingerichtet werden und nicht einfach nur *fancy* aussehen. Ein dahinterliegender Nutzen und die Sinnhaftigkeit (= Purpose-driven Work) sollte für das Arbeiten erkennbar sein. So können beispielsweise in gemütlichen Räumen ruhigere und vertraulichere Gespräche besser geführt, in Kreativräumen neue Ideen und Andersdenken angeregt oder in einem Pairingraum (s. Hack „Pairing") gemeinsam fokussiert gearbeitet werden. Entscheidend ist, dass der Besprechungsraum das inhaltliche Arbeiten unterstützt und fördert. Damit wird auch deutlich, dass Besprechungsräume nicht dem Selbstzweck dienen sollten, sondern immer eine fokussierte Ausrichtung auf Unterstützung und Ermöglichung (=Enabling) besitzen. So brauchen beispielsweise nicht alle Räume einen großen Fernseher oder Beamer, da viele Arbeitsprozesse und Besprechungen keine Präsentation beinhalten und solche Geräte eher ablenken oder stören würden und zudem wertvoller Platz im Raum verloren geht.

Tipps zum Implementieren

Bei der Neugestaltung von Besprechungsräumen bietet es sich an, Mitarbeiter nach ihren Vorstellungen zu idealen Besprechungsräumen zu fragen. Auf diese Weise erfährt man mehr darüber, was die Arbeitsprozesse und Besprechungen positiv unterstützen könnte. Zu empfehlen ist es, ein Mix aus kleinen und großen Besprechungsräumen einzurichten, sodass sowohl die Besprechungsqualität von One-on-Ones als auch von größeren Gruppen erhöht wird. Grundsätzlich sollte das Aussehen an die Funktion angepasst werden (=Form Follows Function) und nicht umgekehrt. Hierfür müssen mögliche Arbeitsabläufe, benötigte Materialien und die unterschiedlichen Einteilungen des Raumes geklärt werden.

Beispiel

Niko und Michael haben sich vorgenommen, die Dokumentationen der vergangenen drei großen Projekte durchzugehen und datenbasiert herauszufinden, wie die Projekte gelaufen sind. Niko freut sich, endlich den neuen „Kreativ Meetingraum" ausprobieren zu können, da eine Besprechung im Teamraum die anderen Mitarbeiter stören würde. Die beiden starten pünktlich um 10 Uhr und beschäftigen sich zuerst mit den neuen Einrichtungsgegenständen des Raumes. Die Sitze sind bequem, mit den Lego-Bausteinen lässt es sich gut bauen und die verschiedenen Stifte und Papiere eignen sich hervorragend, um kleine bunte Papierflieger zu bauen. Als die beiden nach 30 min sich selbst ermahnen und mit der eigentlichen Arbeit beginnen, fällt es ihnen weiterhin schwer, sich zu konzentrieren. Sie schweifen immer wieder ab, reden über neue mögliche Projektideen und beenden ihr Meeting angeregt, jedoch ohne die ursprüngliche Zielsetzung verfolgt zu haben. Sie müssen sich eingestehen, dass sie den Raum lieben, jedoch für diesen Anlass falsch ausgewählt haben. Sie nehmen sich vor, für die nächste Ideenfindung wiederzukommen und ihre jetzige Arbeitsaufgabe in einer schlicht eingerichteten Pairing-Station am nächsten Tag weiterzuführen. Das zweite Meeting läuft deutlich fokussierter ab. Sie lenken sich wenig ab und nutzen den Raum, der für zwei Personen und eine fokussierte Arbeit eingerichtet ist. Auch wenn sie den Kreativraum schöner finden, halten sie fest, dass für diese Arbeit der einfach gestaltete Raum der Pairing-Station besser geeignet ist.

Mögliche Herausforderungen

Es kann herausfordernd sein, die unterschiedlichen Besprechungsräume passend zum Inhalt und Ziel der Arbeit auszuwählen. Häufig wird hier nach persönlicher Vorliebe entschieden, der Fokus sollte aber viel stärker auf die eigentliche Funktion des Raumes ausgerichtet sein. Hierbei kann man Mitarbeiter unterstützen, indem in einer kleinen Übersicht vor dem Raum (und ergänzend online) aufgezeigt wird, worin die potenziellen Vorteile des Raumes für bestimmte Arbeitsprozesse liegen. Es kann schwierig werden, Besprechungsräume in sich selbst stimmig einzurichten, wenn das nötige Budget dafür nicht freigegeben wird. Im Sinne von New Work sollte der Fokus jedoch auf ansprechende und produktivitätsfördernde Arbeitskontexte gelegt werden. Herausfordernd kann zudem sein, die Meetingräume professionell umzugestalten bzw. einzurichten. Hierbei ist empfehlenswert, sich zumindest unterstützend beraten zu lassen, wenn nicht sogar gemeinsam mit Experten die Räume einzurichten und die Ideen der Mitarbeiter einzubinden.

Meeting Rules

Schwierigkeit	Aufwand	Zielgruppe
● ●	● ●	⋂ + ⋔⋔⋔ + ⋔⋔⋔⋔⋔⋔

▶   Meetings Rules sind grundlegende und von allen Teilnehmenden befürwortete Regeln für ein konstruktives Miteinander in Besprechungen.

Warum wichtig – Nutzen und Impact

Mit grundlegenden Meeting Rules kann eine Basisstruktur für Besprechungen geschaffen werden, die diese effektiver, schneller und konstruktiver macht. Die Mitarbeiter können sich darauf beziehen, und damit werden strukturierte Meetings auf Augenhöhe gefördert. Diese Vorgehensweise führt im Allgemeinen zu mehr Zufriedenheit sowie Produktivität im Unternehmen und stellt bei schwierigen Situationen oder Konflikten einen Richtwert zum Umgang miteinander dar.

Beschreibung

Besprechungen, Meetings und Absprachen stellen einen Großteil unserer heutigen Arbeit dar. Wir müssen zunehmend mit verschiedenen Aufgaben und unterschiedlichen Menschen umgehen, was besondere Herausforderungen an die Kommunikation mit sich bringt. Umso unerfreulicher ist es, wenn Besprechungen und Meetings unproduktiv, unnötig langatmig oder nicht konstruktiv erfolgen – das raubt allen Teilnehmenden Nerven und Zeit. Moderne Unternehmen bedienen sich hier häufig der Meeting Rules, auch Golden Rules genannt. Dabei werden grundlegende Regeln oder eine Basisstruktur für Besprechungen festgelegt. Es handelt sich um konkrete, auf Meetings bezogene Handlungsweisen, die sich aus einem Grundverständnis des gegenseitigen Umgangs miteinander im Unternehmen ableiten (s. Hack „Prime Directive") und Teil der Unternehmenskultur sind. Häufig handelt es sich um vier bis fünf ausformulierte Regeln, die in den Meetingräumen visualisiert aushängen und auf die sich jeder beziehen kann. Allen soll dadurch bei Besprechungen klar sein, wie im Unternehmen der Umgang miteinander gehandhabt wird. Bei unfairem Verhalten, Anschuldigungen oder in schwierigen Situationen können die Teilnehmenden beispielsweise in Diskussionen leichter auf Fehlverhalten hingewiesen werden oder zur konstruktiven Struktur zurückkehren, wenn klare sowie visualisierte Regeln im Raum sichtbar sind.

Tipps zum Implementieren

Um Meeting oder auch Golden Rules im Unternehmen zu implementieren, bietet sich eine Prime Directive an, die eine Basis für den gegenseitigen Umgang miteinander darstellt. Ebenso kann diese dabei unterstützen, für Meetings authentische und zur Unternehmenskultur passende Besprechungsregeln zu ermitteln. Weiter sollten diese Regeln jedem Team leicht zugänglich sein und auch in Meetingräumen durch Visual Reminders unterstützt werden. Je nach Team und Umgang miteinander ist es die Aufgabe aller in den Besprechungen, die Regeln zu verdeutlichen und so den Umgang miteinander zu trainieren. Um diese Regeln tatsächlich leben zu können und so ein konstruktives Miteinander zu ermöglichen, sollten Teams besprechen und klären, was genau diese Regeln für sie bedeuten. Je nach Team können die Golden Rules erweitert, stärker ausformuliert und angepasst werden.

Beispiel

Selahattin kommt als neues Teammitglied in das Q&A Team eines Unternehmens in Istanbul. Er verhält sich im Allgemeinen ruhig und zurückhaltend. In Meetings fällt es ihm schwer, sich Gehör zu verschaffen und seine Gedanken bis zum Ende auszuformulieren, ohne dass er von anderen Teammitgliedern unterbrochen oder ungefragt abgelöst wird. Nach einigen Wochen im Team ist er frustriert und merkt, dass er so keinen konstruktiven Beitrag leisten kann und dadurch im Team auch weniger anerkannt wird. Beim Mittagessen mit seiner Kollegin Merve aus einem anderen Team berichtet er von seinem Frust. Erstaunt fragt sie ihn, warum er sich denn nicht auf die Meeting Rules beruft, und deutet auf einen Flipchart, der in einem Meetingraum hängt. Er gesteht, dass er die Meeting Rules vollkommen vergessen habe, und schaut sich diese daraufhin genauer an. Beim nächsten Meeting nimmt Selahattin darauf Bezug, als er erneut unterbrochen wird, und beruft sich darauf, dass jedes Teammitglied ausreden darf. Er weist seine Teammitglieder darauf hin, dass er diese Regel regelmäßig vernachlässigt sieht. Das Team ist ein wenig bedrückt, stimmt aber grundsätzlich zu. In einer sich daran anschließenden Diskussion werden die Meeting Rules noch einmal durchgesprochen. Als Erkenntnis daraus hält das Team die Vereinbarung fest, dass man sich im Team gegenseitig ausreden lässt, aber auch, dass Themen fokussierter und auf den Punkt gebracht erläutert werden sollen – ggf. kann das Team bei Unklarheiten nachfragen. So verliert das Team seine Dynamik, auf die es stolz ist, nicht, jedem Teammitglied wird aber nun ausreichend Gehör geschenkt.

Mögliche Herausforderungen

Häufig sind diese Meeting oder Golden Rules in allen Unternehmen irgendwo in einem Papier festgehalten, welches neue Mitarbeiter zum Arbeitsbeginn ausgehändigt bekommen. Es hilft allerdings nur wenig, wenn diese Vereinbarungen nicht gelebt und erinnert werden. Im Team sollten die Regeln regelmäßig betrachtet und hinterfragt werden, ob diese noch in der Zusammenarbeit passen und auch im Team gelebt werden. Die Meetingregeln gelten für alle im Unternehmen und sind nicht nur eine Verhaltens-regelung für Mitarbeiter. So hat auch der Lead die Mitarbeiter in Meetings ausreden zu lassen, nicht an zu brüllen oder Informationen auf den Punkt zu bringen. Die Meeting Rules machen nur dann Sinn, wenn sie nicht als Einweg-Regeln gelten, sondern das Mit-einander aller strukturieren, vereinfachen und als Orientierung für gute und konstruktive Besprechungen dienen.

Mission Statement

Schwierigkeit	Aufwand	Zielgruppe
● ●	● ●	៛៛៛ + ៛៛៛៛៛

► Ein Mission Statement ist die Festlegung und Darstellung der Vorgehensweise im Unternehmen, um ein Ziel bzw. eine Vision zu erreichen.

Warum wichtig – Nutzen und Impact

Wenn das Unternehmen ein Mission Statement hat, kann es klarer und differenzierter die Organisation strukturieren und Handlungsschritte planen. Das schafft eine zielorientierte Ausrichtung und bringt Orientierung für die Mitarbeiter. Diese können mit Mission Statements ihre eigenen Handlungsräume im Unternehmen einschätzen, organisieren und dadurch bessere sowie schnellere Entscheidungen treffen.

Beschreibung

Das Mission Statement, auch die Mission genannt, wird (meistens) aus der über-geordneten Vision abgeleitet und ist daher eng mit dieser verknüpft. Wenn die Vision als eine Art Nordstern betrachtet werden kann, ist das Mission Statement am besten mit einem Routenplaner oder einer Karte zu vergleichen. Dabei wird allerdings nicht nur der Weg zum Ziel beschrieben, sondern auch aufgezeigt, wie der Weg beschritten werden soll. Dadurch ist das Mission Statement auf das gesamte Unternehmen ausgerichtet und wird sowohl auf der Makro- als auch auf der Mikroebene angewendet bzw. umgesetzt. Das ermöglicht, differenziertere Handlungsräume für einzelne Teams, Abteilungen, aber auch Rollen und Funktionen im Unternehmen zu schaffen. Dadurch können diese sich inhaltlich voneinander abgrenzen, was wiederum zu schnelleren Entscheidungswegen führt.

Ebenso fungiert ein Mission Statement als Reflexionsfläche, da das Vorgehen und die Arbeitsweisen kontinuierlich hinterfragt und im besten Fall verbessert werden können, wodurch das Unternehmen sowie die einzelnen Mitarbeiter lernen und wachsen. Es ist aber auch eine Orientierungshilfe und Sicherheit für Mitarbeiter, was beispielsweise die ethische Ausrichtung angeht. In den meisten Fällen ist das Mission Statement visualisiert und für Mitarbeiter zugänglich, was wiederum das Arbeiten inhaltlich klarer strukturiert und beispielsweise im Umfang und in der Klärung der Zuständigkeiten vereinfacht.

Von der Vision der Automobilherstellers Henry Ford „I will build a motor car for the great multitude" leitete sich in ein ebenso zugängliches, logisches wie auf das große Ziel ausgerichtete Mission Statement ab, das einzelne Teilschritte aufdeckt und voneinander abgrenzt: „Our purpose is to construct and market an automobile specially designed for everyday wear and tear – business, professional, and family use; an automobile which will attain to a sufficient speed to satisfy the average person (…); a machine which will be admired by man, woman, and child alike for its compactness, its simplicity, its safety, its all-around convenience, and – last but not least – its exceedingly reasonable price (…)" (Ford n. Watts 2009). Mittlerweile sind Mission Statement kürzer und simpler, ver-mitteln aber weiterhin das Vorgehen im Unternehmen.

Tipps zum Implementieren

Wenn das Mission Statement von der Vision, also der verinnerlichten und verbild-lichten Zukunftsvorstellung, abgeleitet wird, macht es Sinn, hier in derselben Bilder-welt zu bleiben und daraus das konkrete Vorgehen abzuleiten. Auch hier hilft es, sich neben der Entwicklung der Vision für die Erarbeitung eines Mission Statements Unter-stützung durch einen trainierten Moderator, der den Prozess strukturiert und begleitet, sowie verschiedene Mitarbeiter aus unterschiedlichen Unternehmensbereichen zu holen. erfolgen. Bei Trivago, einem großen IT-Unternehmen aus Deutschland, unter-stützen beispielsweise die Agile Coaches und weitere Moderatoren beim Finden des Mission Statements. Eine unternehmensweite Auseinandersetzung mit einem Mission

Statement kann die Verinnerlichung der Vision und dadurch das Vertrauen, das Engagement und die Motivation der Mitarbeiter fördern. Sie wirken aktiv an der Verwirklichung einer Unternehmensstrategie mit und können sich stärker damit identifizieren. Für einen solchen Prozess sollte ausreichend Zeit zur Verfügung stehen, um durchgeführt, visualisiert (s. Hack „Visual Essentials") und für alle verständlich gemacht zu werden.

Damit Teams eine Routine in dieser Arbeitsform entwickeln, bietet es sich ebenso an, einzelne Mission Statements für Teams oder Rollen zu erarbeiten. Diese können in regelmäßigen Abständen hinterfragt, angepasst und verändert werden. Ein Mission Statement sollte zu mehr Klarheit im Handeln führen und Entscheidung sowie Priorisierungen beschleunigen und vereinfachen.

Beispiel

Bleiben wir beim Beispiel weiter in der Automobilwelt – schauen wir auf die Mission von Tesla. Der Gründer des Unternehmens Elon Musk formulierte es zuweilen wie folgt: „Our goal when we created Tesla a decade ago was the same as it is today: to accelerate the advent of sustainable transport by bringing compelling mass market electric cars to market as soon as possible" (Musk und Vance 2015). Abgeleitet aus der übergeordneten Vision zeigt er im Mission Statement auf, wie und mit welchen Schwerpunkten er sein Ziel erreichen möchte. Es handelt sich hierbei also um eine Festlegung der Route. Interessant ist, dass die Mission 2016 um ein Wort verändert bzw. angepasst wurde. Das Wort „transport" ist durch „energy" ersetzt worden, um dem Unternehmen einen größere Handlungsraum zu geben, womit der Gründer auf die veränderte Ausrichtung des Unternehmens reagiert.

Mögliche Herausforderungen

Um ein zielorientiertes Mission Statement erarbeiten zu können, muss die dahinterliegende Vision des Unternehmens bzw. der Gründer verstanden werden. Dies erfordert eine Auseinandersetzung mit den Unternehmenswerten, deren Entstehung und Zielsetzung, was nicht primär zum Arbeitsalltag gehört.

Das Mission Statement sollte nicht zu lang und unübersichtlich formuliert sein, um die Handlungsfähigkeit zu gewährleisten. Die Funktionen und Aufgaben hier zu strukturieren, das „Bigger Picture" nicht aus den Augen zu verlieren und das Vorgehen immer wieder auf veränderte Parameter auszurichten, kann dem Aufgabenbereich einzelner Teams übertragen werden, die vor allem mit ihrer Fachexpertise die Hindernisse, Abkürzungen und Baustellen auf der Route ermitteln können. Die Leads sollten ihren Teams dazu regelmäßig die Möglichkeit in Meetings geben (s. Hack „Retrospektiven"). Zwar werden auf diese Weise immer wieder einzelne Vorgehensweisen, Pläne und Funktionen hinterfragt, was anstrengend und manchmal auch beunruhigend für die Mitarbeiter sein kann, doch letztlich zur kontinuierlichen Verbesserung und Lernen des Unternehmens führt.

Moderation Skills

Schwierigkeit	Aufwand	Zielgruppe
●	●	००००००० ⲘⲘⲘⲘⲘ

▷ Durch Moderation wird ein Team oder eine Gruppe beim gemeinsamen
Arbeits- und Lernprozess von einem geschulten Moderator begleitet.

Warum wichtig – Nutzen und Impact

Moderation unterstützt und begleitet Arbeits- und Lernprozesse in Gruppen, wodurch
die Arbeitsfähigkeit erhöht, bessere Gruppenergebnisse erzielt und schnellere Entscheidungen getroffen werden. Der Moderator stellt für den jeweiligen Arbeitsprozess
geeignete Methoden zur Verfügung, sodass sich die Teammitglieder auf die Inhalte konzentrieren können. Moderation trägt dazu bei, dass Meetings strukturierter verlaufen,
Konflikte konstruktiver gelöst, Vereinbarungen klarer getroffen und Entscheidungen mit
mehr Verbindlichkeit eingehalten werden.

Beschreibung

Mittels Moderation wird eine Gruppe arbeitsfähig gemacht und durch einen Moderator
in ihrem Arbeitsprozess konstruktiv begleitet. Grundlegend umfasst Moderation, Themen in einer Gruppe zu sammeln, für eine Bearbeitung durch Clustering, Priorisierung
oder Strukturierung zugänglich zu machen und daraus Vereinbarungen, Ergebnisse oder
Entscheidungen zu erarbeiten. Diese Begleitung bietet sich von kleinen Teammeetings
bis hin zu unternehmensweiten Großgruppenveranstaltungen an. Moderation kommt
dann zum Einsatz, wenn strukturiert über ein Thema nachgedacht, dieses bearbeitet und
nutzbar gemacht werden soll. Ein solches Vorgehen erfordert eine übergeordnete Qualifikation und Kompetenz vom Moderator, er sollte also Arbeitsprozesse kennen sowie
Gruppenstrukturen und -dynamiken verstehen. Er verfügt über einen breites Repertoire an
Methoden, um Teams und Arbeitsgruppen in ihrem jeweiligen Prozess unterstützen und
begleiten zu können. Dabei besitzt ein Moderator die Kompetenz, sowohl Konflikte und
Entscheidungsprozesse zu moderieren (s. Hack „Decision Making Knowledge") als auch
eine vertiefte Themenerarbeitung und strukturierte Planungsvorhaben zu ermöglichen.
Seine Fachexpertise ermöglicht, methodisch den Prozess zu begleiten und die Gruppe ihre
Themen bearbeiten zu lassen. Häufig wird in diesem Zusammenhang von dem Experten
für den Prozess und nicht für die Inhalte gesprochen, was allerdings in der Praxis nicht
immer zu trennen ist. Der Moderator stellt Fragen und hinterfragt mitunter die Inhalte,

er unterstützt bei der Kommunikation und sorgt dafür, dass alle Teilnehmenden am Prozess beteiligt werden können. Zudem ist die Ergebnissicherung Aufgabe des Moderators. Er sorgt also methodisch dafür, dass Ergebnisse und Inhalte visualisiert und nachvollziehbar festgehalten werden. In New-Work-Kontexten werden für diese Aufgaben häufig interne Moderatoren beauftragt, die im Unternehmen bereits als Agile Coach, Facilitator oder SCRUM Master arbeiten. Manchmal ist es aber sinnvoll, externe Moderatoren ins Unternehmen zu holen, die neue Perspektiven mitbringen, und um neue Arbeitsweisen kennenzulernen. Sowohl der interne als auch der externe Moderator haben ihre Vor- und Nachteile, weshalb der Kontext, das Thema und die Veranstaltungsform bei der Entscheidung für einen internen bzw. externen Moderator wichtig sind. Viele Start-ups und moderne Unternehmen wissen um den Mehrwert einer Moderation, weshalb Meetings und Veranstaltungen grundsätzlich moderiert werden. Ebenso wird das Potenzial von internen Moderatoren gesehen, die das Unternehmen, die Inhalte, die Teams und Schwierigkeiten kennen. Aus diesem Grund werden in einigen Unternehmen bereits intern Moderatoren geschult und trainiert.

Tipps zum Implementieren

Wenn das Ziel einer Moderation strukturierte Meetings und schnellere Entscheidungen sind, dann sollten Moderationskompetenzen im ganzen Unternehmen geschult werden. Eine Ausbildung zum Inhouse Facilitator, der auch zur Unternehmenskultur beiträgt, ist hier empfehlenswert. So erhalten die eigenen Mitarbeiter eine über die Fachexpertise hinausgehende Kompetenz, die wesentlich zur Zufriedenheit und Mitarbeiterbindung beträgt. Dabei ist es nicht Aufgabe von Moderatoren, sinnlos Kärtchen zu schreiben, sondern einen konstruktiven Umgang unter den Mitarbeitern zu fördern und strukturierte Meetings zu ermöglichen. Die Bereitstellung von Material zum Visualisieren sowie von technischem Equipment ist dafür grundlegend, um eine Moderation ziel- und ergebnisorientiert im Unternehmen zu implementieren.

Sie bietet ebenso eine Erweiterung der sozialen Kompetenzen, da Moderatoren grundsätzlich in einer Schulung oder Ausbildung lernen sollten, wie eine Gruppe sich verhält, wie sie sich weiterentwickeln und gemeinsam lernen kann. Das trägt dazu bei, dass dieses Wissen auch über den Arbeitskontext hinaus genutzt und angewendet werden kann, was dazu führt, ein grundlegendes, soziales Verständnis für Lernen und Zusammenarbeit zu entwickeln, was wiederum die Unternehmenskultur beeinflusst und das Miteinander im Unternehmen fördert.

Beispiel

Alex hat aus privaten Gründen Arbeitsstelle sowie seinen Wohnsitz von Hamburg nach München verlegt. Voller Motivation und Energie tritt er seine neue Stelle an und stößt hier auf ein bereits bestehendes Team. Die Arbeit gefällt ihm gut, seine Aufgaben sind vielfältig und seine Kollegen sehr nett. Er wäre zufrieden, wenn da nicht die anstrengenden und langatmigen Weeklies (Wochenmeetings) von teilweise zwei Stunden in seinem Team wären. Die Ineffizienz oder Planlosigkeit der Meetings nervt ihn, weshalb er im nächsten Meeting die Initiative ergreift: Er teilt seine Wahrnehmung seinem Team mit (s. Hack „Feedback-Kultur") und holt sich dessen Zustimmung, in der nächsten Woche das Meeting strukturieren und moderieren zu können. „Wir haben das mit dem Kärtchen-Schreiben schon probiert, hat bei uns nicht funktioniert. Vielleicht hast Du aber noch andere Ideen, denn unsere Weeklies sind Zeitverschwendung.", stimmt sein Kollege Ralf zu. Zwei Tage vor dem Meeting geht Alex herum und befragt seine Kollegen, welche drei Themen ihrer Meinung nach beim Meeting besprochen werden müssen. Dort erhält er ein erstaunlich einheitliches Bild der Themen. Am Morgen vor dem Meeting schreibt er allen im Team eine Mail, erinnert an das Meeting, schlägt vor, es auf 45 min zu begrenzen, und listet die Themen auf, die er aus der Befragung erhalten hat. Als seine Kollegen im Meetingraum ankommen, ist Alex bereits vor Ort und kramt in einer Filztasche herum, aus der er Marker und Post-its herauszieht. Außerdem hat er einen Flipchart organisiert. Ralf kommt mit Kaffee herein: „Damit wir das mit den Kärtchen überstehen", zwinkert er ihm zu. Die Stimmung ist gut und die Kollegen neugierig, was nun folgen wird. Alex erläutert, dass er in dem Unternehmen in Hamburg eine Ausbildung zum internen Moderator erhalten und die Erfahrung gemacht hat, dass Meetings mit Moderator besser verlaufen. Er erläutert Moderation in groben Zügen und geht dabei auch humorvoll auf Ralfs Behauptungen ein, woraus ersichtlich wird, dass es bei Moderation mehr um Struktur als um Kärtchen geht. Er holt sich von seinen Teammitgliedern die Zustimmung, drei Dinge für das heutige Meeting einzuführen: 1) Heute agiert er als Moderator, 2) Es werden drei feste Themen erschlossen, die heute entschieden werden müssen, 3) Er begrenzt das Meeting auf 45 min. „Das schaffen wir nie, es muss so viel durchgesprochen werden!", hört er als Reaktion, aber das Team stimmt dennoch zu und will es versuchen. Alex präsentiert den Kollegen das Ergebnis seiner Themenbefragung, und innerhalb von vier Minuten hat sich das Team auf die wichtigsten drei Themen geeinigt und diese in eine Rangfolge gebracht. Die anderen Themen landen im „Parking Lot" (=Themenspeicher) und werden im Raum aufgehängt. Jedes Thema hat so eine zeitliche Begrenzung auf ca. fünf bis zehn Minuten. Dieses Timeboxing (=zeitlich definierter Rahmen) hat einen erstaunlichen Effekt, da Alex' Teammitglieder angespornt sind, in dem vorgegebenen Zeitraum auch fertig zu werden. Zwei Minuten vor Ablauf der Zeit läutet Alex aufgestellter Wecker und ab diesem Zeitpunkt werden alle bisherigen Inhalte zusammengefasst. Ralf notiert die wichtigsten Punkte freiwillig auf Kärtchen und hängt diese auf dem Flipchart auf. Im vereinbarten Zeitraum werden kurz alle drei Themen besprochen und Vereinbarungen zu den einzelnen Kärtchen getroffen. „Es konnten nicht alle Aspekte in den Themen geklärt werden", bemerkt Linda, aber sie habe endlich den Eindruck, dass das Meeting nicht völlige Zeitverschwendung war, das Team etwas sichtbar erarbeitet und mehr als eine Stunde Zeit gespart hat. Die anderen Teammitglieder stimmen ihr zu und loben die Moderation von Alex. Dieser erklärt sich auf die Bitte seines Teams hin bereit, die nächsten vier Wochen die Meetings zu moderieren, und das Team vereinbart, in diesem Zeitraum gemeinsam eine grundlegende Struktur für die Weeklies zu entwickeln, die jeder im Team moderieren kann. Ralf kommt nach drei Wochen auf Alex zu und teilt ihm verstohlen mit, dass er gerne mehr über das „effektive Kärtchen-Schreiben" lernen möchte. Beide gehen mit der Idee, das Ralf eine Inhouse-Moderatoren-Ausbildung erhalten soll, in ein Gespräch mit dem HR-/People-/Talent- und Organization-Bereich.

Mögliche Herausforderungen

Eine grundsätzliche Herausforderung besteht zunächst darin, den Mehrwert von Moderation ersichtlich zu machen und Vorurteile abzubauen. Da diese Methode vor allem weiche Faktoren fördert, sind diese nicht unmittelbar ersichtlich und in Zahlen darstellbar. Hier ist die Unterstützung durch die Gründer/Geschäftsführung oder bei großen Unternehmen den HR-/People-/Talent- und Organization-Bereich ausschlaggebend. Wenn diese den Mehrwert erkennen, in ihre Mitarbeiter und in erfolgreiche Meetings investieren und einen konstruktiven Umgang auf Augenhöhe fördern, kann Moderation auf nahezu allen Ebenen im Unternehmen erfolgreich eingesetzt werden. Moderation sollte als einfaches Kärtchen-Schreiben gesehen werden, denn es geht vor allem darum, eine Struktur im Arbeitsverlauf aufzuzeigen, die bei der Erarbeitung verschiedener Themen hilft.

Sich als interner Moderator möglichst neutral und konstruktiv zu verhalten, ist nicht einfach – vor allem wenn man selbst Teil des Teams oder der Gruppe ist. Um Moderation zu verstehen und zu verinnerlichen, ist eine gute Grundausbildung in den Basiskompetenzen vonnöten. Hier Zeit und in professionelle Ausbildungen zu investieren, ist sinnvoll. Der Moderator kann so in seinem Grundverständnis geschult werden und bewusst entscheiden, wann er eine Gruppensituation selbst moderieren kann oder wann er sich Unterstützung holt. Sind mehrere Moderatoren in einem Unternehmen geschult, können sie bei Bedarf die Moderation in Teams übernehmen, in denen sie thematisch nicht involviert sind.

Moderation liegt ein basisdemokratisches Grundverständnis zugrunde und kann daher nicht bei allen Themen verwendet werden. Daher ist es wichtig zu entscheiden, wann Moderation tatsächlich Arbeitsfähigkeit und Lernen der Gruppe fördern kann. So ist es beispielsweise kein Instrument bei Mobbing- oder Diskriminierungsthemen, die vielmehr mit Mediation zu bearbeiten wären. Auch diese Entscheidungen erfordern eine solide Grundausbildung des Moderators.

Offside Teamwork

Schwierigkeit	Aufwand	Zielgruppe
●	●	ᵒᵒᵒ ᴍ

▶ Mittels Offside Teamwork können Teams gemeinsam in einem anderen Kontext fokussiert und vom Unternehmensalltag befreit Höchstleistungen erbringen.

Warum wichtig – Nutzen und Impact

So wichtig auch die kurzen Wege im Arbeitsalltag und die ständige Erreichbarkeit im Unternehmen sind, sie lenken gleichzeitig auch von der eigenen Arbeit ab. Offside haben Teams die Möglichkeit, sehr fokussiert an einem oder mehreren konkreten Themen zu arbeiten. Gleichzeitig nehmen sie sich die Zeit, neue Gedanken zu entwickeln, auf andere Ideen zu kommen und sich von einem anderen Arbeitsumfeld für ein bis mehrere Tage inspirieren zu lassen.

Beschreibung

Ein Offside Teamwork (oder auch „Sprint", „Offside" oder „Klausur" genannt) ist eine geplante Kontextveränderung an einem arbeitsfähigen Ort außerhalb des Unternehmens. Ziel ist es, für einen definierten Zeitraum dem normalen Unternehmensalltag zu entweichen, mit tagtäglichen Routinen zu brechen und Abhängigkeiten wie etwa die Teilnahme an bestimmten Meetings auszusetzen.

Es gibt zwei grundlegende Ausgangslagen für ein Offside Teamwork: zum einen das Arbeiten an einem konkreten und vorher gut geplanten Thema (=Abarbeiten eines Workloads). Hierbei geht es darum, in einem festgelegten Zeitraum so viel wie möglich an dem ausgewählten Thema zu arbeiten und vice versa andere Themen dafür liegen zu lassen. Zum anderen kann ein Offside Teamwork dazu genutzt werden, gemeinsam neue Ideen zu generieren, die vorher nicht schon definiert und bestimmt werden können. In diesem Fall geht es darum, den ausgewählten Arbeitsort als Inspirationsquelle abseits des Arbeitsalltages zu nutzen und ohne Ablenkung explorativ Neues entstehen zu lassen. Die Agenda kann in diesem Fall offener gehalten werden (z. B. neue Produktidee entwickeln, Team-Strategie kreieren, Disruptionsquellen im Unternehmen finden).

Offside Teamwork kann an dem Ort stattfinden, an dem auch das Unternehmen angesiedelt ist, was den Vorteil hat, dass Mitarbeiter abends zu Hause bei ihren Familien sein können. Offside Teamwork kann jedoch auch an einem weiter entfernten Ort stattfinden und damit automatisch auf intensivere Art zum Teambuilding und besseren Kennenlernen der Teammitglieder beitragen. Es bietet sich an, in der Planung die verschiedenen Aspekte abzuwägen und mit in die Entscheidung einfließen zu lassen. Generell lohnt es sich zu verabreden, den Unternehmens-Chat, sein E-Mail-Programm und weitere ablenkende Faktoren wie das Smartphone in den Arbeitszeiten beiseitezulegen, damit die Intensität und der Fokus der zu bearbeitenden Themen gesteigert werden.

Tipps zum Implementieren

Wichtig ist, in der Planung transparent und offen den entsprechenden Schnittstellen die Abwesenheit anzukündigen, damit das Offside Teamwork ohne größere und regelmäßige kleinere Störungen funktionieren kann. Es macht häufig Sinn, im Vorhinein einzuplanen,

welches Arbeitsmaterial, wie z. B. Stifte, Flipchart, Sticky Notes und Ähnliches, mitzunehmen ist, sowie sich gegebenenfalls um die Verköstigung bei einem Offside Teamwork
an einem anderen Ort zu kümmern. Oberstes Ziel ist es, während der Zeit des Offside
Teamworks so frei wie möglich von den normalen Verpflichtungen sein zu können. Damit
Führungskräfte dieses Konzept unterstützen, ist es sinnvoll, nach dem Offside Teamwork bei einem gemeinsamen Meeting die Ergebnisse und Ideen vorzustellen und zu diskutieren. Es gilt. dabei die Balance zu finden aus dem Fokussieren im Offside Teamwork
selbst und der Transparenz und Offenheit danach. Ein guter Rhythmus, was die Regelmäßigkeit der Offside Teamworks angeht, ist stark von dem Team und den Aufgaben
abhängig. Es gibt Teams, die ohne Probleme einmal im Monat ein Offside Teamwork
für fokussiertes Arbeiten durchführen können, und andere, die sich maximal einmal im
Quartal diesen Freiraum nehmen können. Der Faktor Zeit kann dabei als weitere Variable
genutzt werden, um Offside Teamwork regelmäßig zu ermöglichen. So kann es bereits
einen Mehrwert bringen, einmal im Monat ein eintägiges Offside Teamwork durchzuführen, sollte zu scheitern drohen, ein längeres Offside Teamwork zu legitimieren und zu
organisieren. Je nach Ausrichtung kann es sinnvoll sein, einen Moderator mitzunehmen,
damit sich das Team auf die inhaltliche Arbeit konzentrieren kann bzw. Unterstützung
und Anleitung im Prozess erhält.

Beispiel

Ein Team aus dem HR-/People-/Talent- und Organization-Bereich ist von zwei Personen auf fünf Personen angewachsen, nachdem das Tech-Start-up sich in den vergangenen zwei Jahren deutlich vergrößert hat. Bei dem Arbeitspensum, das nun
tagtäglich anfällt, schafft das Team es nicht, den Fokus auf sich selbst als Team und
die Anpassung der eigenen Aufgaben und Verantwortungsbereiche zu legen. Es läuft
der Arbeit hinterher, ohne sie proaktiv gestalten zu können. Die Teammitglieder entscheiden sich, ein Offside Teamwork durchzuführen, um der Eingebundenheit in die
Arbeitsprozesse und dem Arbeitsalltag zu entfliehen. Sie definieren die wichtigsten
Punkte für das Offside Teamwork und verteilen die Verantwortung zur Vorbereitung
der einzelnen groben Agendapunkte für ein besseres Arbeiten während des Offside
Teamworks. In den drei Tagen schafft es das Team tatsächlich, neue Vorgehensweisen
zu erarbeiten, den eigenen Scope (also den Umfang der Aufgaben und Verantwortlichkeiten) deutlicher zu definieren sowie abzugrenzen und mit konkreten Vorschlägen für
die Führungskraft das Offside Teamwork erfolgreich zu beenden. Im normalen Arbeitsalltag hätte das Team einfach weitergearbeitet und sich nicht den Freiraum schaffen
können, sich einmal grundlegend neu aufzustellen und die Aufgaben neu zu definieren.

Mögliche Herausforderungen

Wie immer kann der Kostenpunkt eine Herausforderung werden. Hierbei ist es wichtig,
dass die Unternehmensführung grundsätzlich Offside Teamwork unterstützt und fördert
(für Führungskräfte wie für Teams). Damit die erarbeiteten Ergebnisse im Arbeitsalltag
nicht untergehen, ist es zu empfehlen, schon beim Offside Teamwork festzulegen, wie

man die Ergebnisse im Arbeitsalltag integrieren kann und welche Veränderungen aktiv vorgenommen werden sollten. Auf diese Weise wird die Wahrscheinlichkeit erhöht, dass sich die Ergebnisse und Beschlüsse nicht im Arbeitsalltag verlieren. Bezüglich Produktivität und Arbeitspensum muss die Führungskraft dem Team Vertrauen entgegenbringen, damit dieses sich frei und empowered fühlt, selbstbestimmt entscheiden zu können. Nichtsdestotrotz gilt es sicherzustellen, dass ein Offside Teamwork produktiv und konstruktiv genutzt wird und einen Mehrwert bringt.

Onboarding und Offboarding

Schwierigkeit	Aufwand	Zielgruppe
●●	●●	○○○○○○○ 〰〰〰

▶ Onboarding bzw. Offboarding bezeichnen die professionelle Integration in ein Unternehmen sowie die Begleitung beim Ausscheiden aus dem Unternehmen.

Warum wichtig – Nutzen und Impact
Professionelles Onboarding wirkt sich direkt auf die Produktivität von neuen Mitarbeitern aus. Mitarbeiter erhalten alle notwendigen Informationen (sowohl unternehmensweite Informationen als auch team- und rollenspezifische Anforderungen), um schnellstmöglich produktiv arbeiten zu können. Die Kosten für ein verschlepptes oder vergessenes Onboarding sind immens, ebenso der mögliche Motivationsverlust neuer Mitarbeiter. Ein gutes Onboarding schafft also schnelles Commitment, das sich direkt in Produktivität ausdrücken wird. Der Impact von gutem Offboarding ist, dass Mitarbeiter wohlwollend und professionell verabschiedet werden und dabei auf ein positives Auseinandergehen sowie das Einholen von Feedback fokussiert wird.

Beschreibung
Gutes Onboarding und Offboarding sind mehr als nur das Einstellen und Verabschieden von Mitarbeitern. Mitarbeiter werden als Menschen in den Mittelpunkt des Prozesses gestellt und nicht als reine Ressource behandelt. Hierbei geht es neben der Bereitstellung aller notwendigen Informationen und Arbeitsmaterialien auch um das persönliche Willkommenheißen bzw. Verabschieden auf Augenhöhe.

Erfolgreiche Onboarding-Prozesse decken alle unternehmensweiten und relevanten Themen ab und lassen die im gleichen Zeitraum eintretenden Mitarbeiter meistens zu einer Peer Group zusammenwachsen. Onbording-Prozesse zeigen Anforderungen und

Unternehmensstandards nachvollziehbar auf und helfen bei deren Verinnerlichung. Die Länge eines Onboarding-Prozesses variiert dabei meistens zwischen einem halben Tag und einer ganzen Woche.

Erfolgreiche Offboarding-Prozesse ermöglichen es dem Unternehmen, zu verstehen und daraus zu lernen, weshalb ein Mitarbeiter von sich aus das Unternehmen verlässt – und was das Unternehmen ggf. hätte anders oder besser machen können. Häufig haben scheidende Mitarbeiter gute und konstruktive Kritikpunkte, die jedoch selten abgefragt werden. Bei Kündigungen werden dem gekündigten Mitarbeiter nachvollziehbar die Beweggründe des Unternehmens dargestellt und im besten Fall gleichzeitig neue Möglichkeiten für das weitere Berufsleben aufgezeigt. Ziel eines Offboarding-Prozesses ist es, ohne Ressentiments und für den Mitarbeiter nachvollziehbar den gemeinsamen Weg zu beenden sowie wichtige Informationen und Einblicke vertrauensvoll zu teilen. Häufig wird bisher der Offboarding-Prozess weder zelebriert noch mit Anstand vollzogen. Gerade in Zeiten höherer Fluktuation und unbeständiger Lebensläufe wird das Momentum des Offboardings extrem relevant. Es kann zur Verbesserung und Weiterentwicklung auf beiden Seiten einen wertvollen Beitrag leisten.

Tipps zum Implementieren

Das Implementieren eines erfolgreichen und professionellen Onboarding- bzw. Offboarding-Prozesses funktioniert am besten in Iterationen (= regelmäßigen Verbesserungen des Prozesses). Das Sammeln und Bereitstellen relevanter Unternehmensinformationen bedürfen in regelmäßigen Abständen eine Reflexion bezüglich deren Relevanz. Um einen erfolgreichen Onboarding-Prozess zu institutionalisieren, sollte nicht nur die HR-/People-/Talent- und Organization-Abteilung aktiver Teil des Prozesses sein, sondern zusätzlich verschiedene Fachabteilungen und Führungskräfte. Auf diese Weise wird ein größerer Einblick geboten und mehr wichtige Facetten aufgezeigt. Ein Onboarding sollte interaktiv aufgebaut werden und nicht nur aus Themeninput, sondern auch aus aktiven Übungen und gemeinsamen Herausforderungen bestehen. Das stärkt das Vertrauen der neuen Mitarbeiter als Peer Group untereinander und unterstützt dabei, die vielen Informationen des Onboarding-Prozesses zu verinnerlichen.

Das Implementieren eines erfolgreichen und professionellen Offboarding-Prozesses bedarf ebenfalls wiederkehrender Iterationen. Es gilt herauszufinden, welche relevanten Informationen geteilt werden dürfen und sollten. Es darf von Unternehmensseite die Frage gestellt werden, welche weitere Unterstützung scheidenden Mitarbeiter zugesagt werden kann. Ziel kann es sein, eine über die Zeit der Zusammenarbeit hinausgehende Verbindung aufzubauen und im Kontakt zu bleiben. Speziell für unerfahrene Führungskräfte ist es zu empfehlen, eine erfahrene Person im Offboarding dabeizuhaben und dieses gut vorzubereiten.

Eine neue Mitarbeiterin namens Naida, die im Agile Team arbeiten wird, beginnt mit dem Onboarding-Prozess. In ihrer zukünftigen Rolle wird sie mit unterschiedlichsten Teams im Unternehmen zusammenarbeiten. Im Onboarding-Prozess erfährt Naida alles über die Unternehmensstruktur und die Unternehmensgeschichte, über die verschiedenen Abteilungen und deren Verantwortungen und lernt die entsprechenden Schlüsselpersonen persönlich kennen. Naida wird vertraut gemacht mit den Core Values (s. Hack „Core Values") im Unternehmen, den typischen Arbeits- und Vorgehensweisen und lernt die unternehmenseigenen Buzzwords und Sayings (=Worte und Redensarten, die man nur als Insider versteht) kennen. Sie erfährt, wer ihre Ansprechpartner sind, wo sie sich technischen Support holen kann und welche Lifestyle Perks (s. Hack „Lifestyle Perks") im Unternehmen vorhanden sind. Nachdem ihr beim Einrichten aller relevanten Programme geholfen wurde, sie neben den offiziellen Ansprechpartnern mit den anderen neuen Mitarbeitern eine vertrauensvolle Peer Group gebildet hat, ist Naida bereit, ihre Arbeit im Agile Team zu beginnen. Sie fühlt sich gestärkt und mit einem soliden Basiswissen über das Unternehmen ausgestattet und konnte bereits die meisten offenen Fragen klären. Im Gegensatz zu ihrem alten Job, in dem Naida sofort mit der Arbeit losgelegt hat und über die Monate viele wichtige Informationen eher durch Zufall oder nach eigenen gut vermeidbar gewesenen Fehlern erhalten hat, fühlt sie sich nun bereits viel sicherer in dem neuen Unternehmen.

Mögliche Herausforderungen

Erfolgreiche Onboarding- und Offboarding-Prozesse sind über die Zeit unterschiedlichen Anforderungen ausgesetzt (vgl. Abb. 9). Es wird zur Herausforderung, wenn diese Prozesse nicht reflektiert werden und das Feedback der neuen sowie der scheidenden Mitarbeiter nicht in die Weiterentwicklung eingebunden wird. Durchaus schwierig

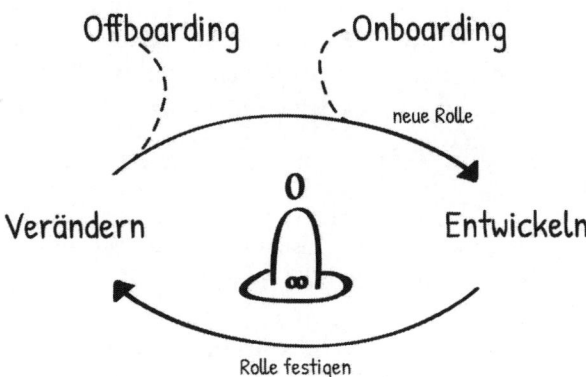

Abb. 9 Circle des On- und Offboardings

kann es sich gestalten, die unternehmensrelevanten Inhalte herauszufiltern und regelmä-ßig das Commitment der involvierten Personen zu erhalten. Der Onboarding-Prozess ist nicht schon nach dem offiziellen Onboarding beendet. Viele kleine und große Fragen werden immer wieder in den ersten Wochen aufkommen und sollten als Interesse und Engagement des neuen Mitarbeiters anerkannt und nicht als lästige Fragen verstanden werden.

Beim Offboarding-Prozess besteht die Herausforderung, den richtigen Rahmen zu schaffen, den richtigen Ton zu treffen und das erhaltene Feedback tatsächlich ins Unter-nehmen zu tragen und dort konstruktiv zu nutzen. Wenn es keine verantwortlichen Perso-nen gibt, die den Kontakt und die Informationen ehemaliger Mitarbeiter pflegen, entsteht kein zusätzlicher Nutzen. Damit das gelingt, sind sowohl ein Konzept als auch konkretes Commitment notwendig.

Open Coffee Area

Schwierigkeit	Aufwand	Zielgruppe
●	●	ᴼ ᴼᴼ ᴼᴼ ᴼ ᴼ ⋂⋂⋂⋂⋂

▶ Eine Open Coffee Area ist ein offener und einladender Bereich, der zum Treffpunkt für konstruktive Gespräche, neue Ideen und für ein angenehmes Miteinander wird.

Warum wichtig – Nutzen und Impact
In vielen Unternehmen gibt es keinen Ort, an dem sich Mitarbeiter frei, flexibel und auch ohne Verabredung miteinander austauschen können. Eine Open Coffee Area bietet sich hierfür an, da sie die Mitarbeiter unterschiedlicher Abteilungen zusammenbringt und Teams für Gespräche sowie Pausen einen Ort bietet. An diesem Ort können sich die Mit-arbeiter bei einem Kaffee oder Tee andere Personen unverbindlich zu Problemstellungen austauschen und Hilfestellung geben.

Beschreibung
Eine Open Coffee Area ist ein Ort des Austausches und des Genusses. Wie früher bei Haus- bzw. WG-Partys finden die besten Gespräche in der Küche statt. Dieses Bild lässt sich problemlos auch auf den Unternehmenskontext übertragen. Ein Ort, der für alle Mit-arbeiter gut erreichbar zum Herzstück werden kann, schafft einen Möglichkeitsraum, der über normale Gespräche in Konferenzräumen oder in Teambüros weit hinausgeht.

Gerade dort angetroffene fachfremde Mitarbeiter und Mitarbeiter, die in einen bestimmten Fall oder eine Problemstellung nicht involviert sind, geben häufig mit frischen Blick und anderer Perspektive neue Impulse und Anregungen. Im Gegensatz zu früheren Kaffee-stationen in Großunternehmen, in denen der Instant-Kaffee nach Geldeinwurf in einem Plastikbecher bereitgestellt wurde, sollten Open Coffee Areas eine Atmosphäre des kurzen Innehaltens und der Gemütlichkeit verbreiten. Genuss wird mit frischen Ideen und konst-ruktiven Gesprächen verbunden.

Tipps zum Implementieren
Der konstruktive Nutzen einer Open Coffee Area kann nicht erzwungen werden. Der Ort muss vielmehr von den Mitarbeitern eingenommen und in das alltägliche Arbeitsleben integriert werden. Es bietet sich an, verschiedene Sitz- bzw. Stehgelegenheiten bereit-zustellen. Auf diese Weise können sowohl interaktive und dynamische Gespräche am Stehtresen stattfinden als auch vertiefte Gespräche beispielsweise auf Sitzsäcken oder in gemütlichen Sesseln. Wichtig ist, dass der Ort einladend aussieht. Eine Kultur des ungezwungenen Austausches entsteht erst durch die aktive Nutzung des Bereiches. Die Konzeption der Räumlichkeiten fördert oder behindert die Austauschkultur, je nachdem, wie der Ort gestaltet wird. Es bietet sich an, gemütliche mit funktionalen Aspekten zu verbinden.

Beispiel

Ein Team sitzt im Besprechungsraum und hängt an einer Problemstellung fest. Seit eineinhalb Stunden drehen sie sich bereits im Kreis und kommen nicht weiter. Gefrustet entscheidet sich das Team, eine Pause in der Open Coffee Area zu machen. Mit ihrem frisch gebrühten Heißgetränk stehen sie am Tresen und überlegen, warum dieses Problem so schwierig ist. Zwei Entwickler aus einem anderen Unternehmens-bereich, Niklas und Peer, kommen hinzu und fragen, wie die Stimmung ist. Nach kur-zem gemeinschaftlichen Stöhnen über ihre Schwierigkeiten erläutern sie ihr Problem. Niklas fragt kurz und aus einem Impuls heraus, ob sie schon mal XYZ probiert hät-ten, da es bei einem ähnlichen Problem im eigenen Team damals sehr gut geholfen hatte. Obwohl die konkrete Frage keine direkte Lösung hervorbringt, findet sie in der Coffee Area leichter Gehör und regt das Team zum Nachdenken an. Mit der neuen Perspektive geht das Team zurück in den Besprechungsraum und findet tatsächlich kurze Zeit später eine Lösung, die ähnlich und dennoch anders als die Lösung von Niklas ist.

Mögliche Herausforderungen
In der Budgetplanung kann es herausfordernd sein, über die einfache Einführung von unbequemen (aber günstigen) Stühlen und einer günstigen (aber schlechten) Kaffee-maschine hinauszugehen. Doch genau hier besteht die Notwendigkeit: Für einen mög-lichen Mehrwert muss ein gewisser Charme bzw. eine Attraktivität der Open Coffee Area entstehen. In ein ungemütliches Café mit schlechtem Kaffee setzt man sich schließlich

auch nicht, um sich vom samstäglichen Einkaufen zu erholen. Eine andere Herausforderung kann sein, dass Mitarbeiter zu viel Zeit an diesem Ort verbringen und die Produktivität sinkt. Hier sollte lediglich auf die Eigenverantwortung hingewiesen werden. Es gibt Tage, an denen Menschen mehr Pausen brauchen, und andere, an denen Pausen fast vergessen werden. Ein durchaus unterschätztes Problem kann sein, die Sauberkeit und Ordnung in der Open Coffee Area zu gewährleisten. Je mehr Mitarbeiter sie nutzen, desto unordentlicher und unhygienischer wird sie meistens. Damit nicht einzelne, meist teuer bezahlte Fachleute mit hohem Verantwortungsgefühl anfangen, ein bis zwei Stunden am Tag die Open Coffee Area aufzuräumen, bietet es sich an, eine Person zur Sauberhaltung dieses Bereiches einzustellen.

Pairing

Schwierigkeit	Aufwand	Zielgruppe
●	●	೧ႛ

▶   Pairing ist eine Arbeitsmethode, in der gemeinsam gearbeitet wird und das Vier-Augen-Prinzip gilt.

Warum wichtig – Nutzen und Impact
Beim Pairing werden die zu erarbeitenden Ergebnisse von zwei Personen gemeinsam erstellt und dadurch entsteht häufig eine bessere Qualität und niedrigere Fehlerquote. Pairing erhöht den Wissensaustausch sowie das Lernen untereinander und trägt damit zur Weiterbildung on-the-job bei.

Beschreibung
Wichtigster Bestandteil des Pairings ist das Vier-Augen-Prinzip. So wird eine hohe Qualität sichergestellt und die Expertise zweier Personen (und deren vier Augen) fließt gleichzeitig in die Erarbeitung ein. Pairing kommt ursprünglich aus dem Coden (Programmieren) und sieht vor, dass eine Person am Quellcode schreibt, während die andere Person danebensitzt und den Quellcode auf Korrektheit prüft, mögliche Probleme anspricht und direkte Rückmeldung geben kann. Grundregeln wie z. B. kein Eingreifen in die Tastatur des anderen sind dabei zu befolgen. In vielen innovativen Wirtschaftskontexten ist Pairing inzwischen fester Bestandteil der gemeinsamen Arbeitsmethoden im Team. Hierbei werden die Pairing-Partner variierend, rotierend zusammengesetzt, womit sichergestellt wird, dass alle miteinander arbeiten und voneinander lernen. Egal ob Junior oder Senior: Großes Wissen und langjährige Expertise können genauso zum

Lernen und Reflektieren anregen wie naive Fragen und simplifizierte Vorgehensweisen. Damit ist gegeben, dass in fast jeder Zusammensetzung die Pairing-Partner voneinander lernen und sich weiterentwickeln können.

Inzwischen wird Pairing nicht mehr nur beim Programmieren, sondern auch in anderen Unternehmensbereichen angewendet. So kann beispielsweise in der Buchhaltung, dem Kundensupport oder beim internen Coaching Pairing erfolgreich angewendet werden. Ziel des Pairings ist immer, Qualität zu erhöhen und Vorgehensweisen und Routinen des Pairing-Partners kennenzulernen und diese ggf. in das eigene Arbeiten zu integrieren. Gleichzeitig entsteht eine wichtige Auseinandersetzung darüber, wie bestimmte Themen und Probleme angegangen und gelöst werden sollten und welcher Einsatz von Frameworks und verschiedenen Standards die Grundlage der gemeinsamen Arbeit ist.

Tipps zum Implementieren
Wenn Pairing als Methode neu eingeführt wird, bietet es sich an, Workshops durchzuführen, in denen grundlegende Regeln, Vorgehensweisen und Good Practices aufgezeigt und diskutiert werden. Es wird empfohlen, feste Zeiteinheiten zu verabreden, in denen das Pairing stattfindet. Auf diese Weise wird ein Rahmen gesetzt, der variiert und sinnvoll weiterentwickelt werden kann. Zu empfehlen ist weiterhin, regelmäßig gemeinsam darüber zu reflektieren, was im Pairing gut läuft und was verbessert werden sollte. So wird sichergestellt, dass Schwierigkeiten angesprochen und Pairing zum integralen Bestandteil der gemeinsamen Arbeitsprozesse werden kann. Gleichzeitig kann damit herausgefunden werden, wann Pairing als Methode sinnvoll ist und wann nicht.

Beispiel

Das Entwicklerteam „Deep Blue" arbeitet seit einiger Zeit zusammen an einem neuen Projekt. Zwei der vier Teammitglieder arbeiten in Teilzeit und die beiden Vollzeitangestellten sind Junior-Programmierer. Das Team muss feststellen, dass es keinen richtigen Rhythmus findet, um seine gewünschten Ergebnisse schnell genug zu erreichen. Absprachen und inhaltliche Erklärungen nehmen viel Zeit in Anspruch und die Fehlerquote sowie das Nacharbeiten verschlechtern die Stimmung im Team. In der dritten Retro, in der auch Product Owner Jonas dabei ist, bringt das Team es treffend auf den Punkt: „Wir beschäftigen uns zu viel mit allem ums Programmieren herum und haben zu wenig Zeit, tatsächlich zu programmieren. Wir arbeiten unterschiedlich und finden keinen guten gemeinsamen Ansatz. Das kostet Zeit und Nerven!" Jonas fragt das Team, was sie bisher ausprobiert haben. Nach verschiedenen und eher dürftigen Antworten gibt er den Vorschlag ins Team, einmal Pair Programming auszuprobieren, um mehr über die unterschiedlichen Arbeitsweisen zu erfahren und die Fehlerquote zu senken. Im Unternehmen wird anschließend herumgefragt, wer sich mit Pairing auskennt, und es findet sich ein anderes Team, welches bereits Pairing als festen Bestandteil der Arbeit hat. Kurz darauf setzt sich das „Deep Blue"-Team mit dem anderen Team zusammen und erfährt alles Wichtige, um Pairing auszuprobieren. In der folgenden Woche setzen sie sich in unterschiedlichen Pairing Tandems für jeweils anderthalb Stunden zusammen vor eine Aufgabe. Nach zwei Wochen stellt das Team fest, dass seine Fehlerquote tatsächlich bereits drastisch gesunken ist und es sich in seiner Art und Weise des Programmierens etwas angenähert hat. Die Dokumentation ist leichter verständlich geworden und Übergabezeiten haben sich extrem verringert. In manchen Punkten sind die Teammitglieder sich zwar immer noch uneinig, doch haben sie es als Team geschafft, ihre Geschwindigkeit zu erhöhen und mehr Zufriedenheit sowie bessere Ergebnisse zu erzielen. In einer eigens eingesetzten Pairing-Retrospektive besprechen sie, wie sie den Prozess weiter verbessern können. In einem Punkt sind sie sich jedoch sicher: Sie wollen das Pairing als festen Bestandteil der Teamarbeit beibehalten.

Mögliche Herausforderungen

Anstrengend für die Teams ist es, wenn jedes Mal neu besprochen wird, wer mit wem paired. Es bietet sich an, einen Wochenplan aufzusetzen, der in der folgenden Woche weitergeführt oder angepasst wird. Auf diese Weise wird Koordinationszeit gespart und der Fokus auf das inhaltliche Arbeiten erhöht. Herausfordernd kann das Pairing werden, wenn die beiden Personen sehr unterschiedliche Arbeitsweisen haben. Im Pairing sollte dann gemeinsam herausgefunden werden, was der größte gemeinsame Nenner ist und wie das gemeinsame Arbeiten bestmöglich gestaltet werden kann. Es ist nicht unüblich, dass Pairing zu Beginn zu Reibungen führt und sich erst eine konstruktive Vorgehensweise finden muss.

Pool Team

Schwierigkeit	Aufwand	Zielgruppe
● ●	● ●	ᛘᛘᛘ

▶   Ein Pool Team besteht aus einer größeren Gruppe von Mitarbeitern, die je nach Projekt und Aufgabe für eine begrenzte Zeit als festes Team zusammenarbeiten.

Warum wichtig – Nutzen und Impact

Da sich in der heutigen Arbeitswelt konkrete Planungshorizonte stark verkürzt haben, können feste Teams Flexibilität erschweren. Ein Pool Team trägt dazu bei, dass Verfügbarkeit und Aufgabengrößen besser miteinander koordiniert werden. Dabei ist Flexibilität der größte Mehrwert eines Pool Teams für das Unternehmen. Gleichzeitig kann sich die Qualität der Arbeit erhöhen, da zwangsläufig bestimmte Standards und Qualitätskriterien übergeordnet eingeführt werden. Die Auslastung verbessert sich und das Lernen der Mitarbeiter untereinander wird stark erhöht.

Beschreibung

Ein Pool Team ist ein übergeordnetes, großes und crossfunktionales Team ohne feste Teamstrukturen und konkrete Aufgaben. Je nach aufkommenden Projekten werden aus den Mitarbeitern des Pool Teams kleinere feste Teams geformt, die für einen definierten Zeitraum und für bestimmte Projekte miteinander arbeiten und sich je nach Projektanforderung passend zusammensetzen. In der Regel arbeiten die Projektteams zwei bis sechs Wochen zusammen. Anschließend lösen sie sich als festes Projektteam wieder auf und kehren zurück zum Pool Team, um neue Aufgaben und Herausforderungen zu übernehmen.

Grundsätzlich gibt es zwei Arten, wie ein Pool Team zeitlich strukturiert funktionieren kann:

1. Alle Teams arbeiten in derselben zeitlichen Rahmung (alle haben die gleiche Iterationslänge) und beenden ihr Projekt zeitgleich. Manchmal nehmen einzelne Teams ihr Projekt mit in eine nächste Iteration, was grundsätzlich vermieden werden sollte und aufzeigt, dass die Größe und der Umfang des Projektes falsch eingeschätzt worden sind.
2. Alternativ gibt es individuelle Iterationen für die jeweiligen Projektteams. Diese definieren je nach Projektgröße den zeitlichen Rahmen selbst.

Beide Arten haben ihre Vor- und Nachteile: Bei gleichen Iterationen für alle Teams ist es leichter, neue Teams für neue Projekte zu bilden, da alle zur selben Zeit wieder verfügbar sind. Das beinhaltet aber die anspruchsvolle Aufgabe, die Größen von einzelnen Projekten auf einen stets gleich großen Zeitrahmen herunterzubrechen, um eine einheitliche Iterationslänge zu ermöglichen.

Unterschiedlich lange Iterationen der Projektteams haben der Vorteil, dass einzelne Aufgaben und Projekte in einem passend und individuell festgelegten Zeitraum durchgeführt werden. Gleichzeitig ist herausfordernd, die Koordination im Pool Team für neue Projekte zu managen, da nicht alle Pool-Team-Mitarbeiter zu selben Zeit wieder zur freien Verfügung stehen.

Grundsätzlich werden in Pool Teams Themen oder Projekte von außen hereingegeben oder von innen erarbeitet. Anschließend können sich Mitarbeiter interessengebunden einem Projekt interessenbezogen zuordnen. In den kleinen Projektteams gibt es dann ein Team Bootstrapping (s. Hack „Team Bootstrapping"), die Arbeitsphase selbst und anschließend die Präsentation beim Demo Day. Es folgen eine Evaluation der Ergebnisse und eine Retrospektive. Pool Teams werden bisher eher in IT-Bereichen eines Unternehmens eingesetzt, sie können aber darüber hinaus auch in anderen Bereichen von Unternehmen eingesetzt werden.

Tipps zum Implementieren

Beim Einführen eines Pool Teams sollte darauf geachtet werden, dass die Erwartungshaltung und Zielsetzung transparent kommuniziert und miteinander besprochen werden. Es ist wichtig, auf der Grundlage von regelmäßigem Feedback und Reflexionen iterativ den Prozess selbst zu verbessern. Klare Verantwortlichkeiten klären und gemeinsame Standards definieren sind dabei ebenso wichtig wie ein ausreichender Fokus auf Teambildung und Teamprozesse. Feste (agile) Formate können diese Vorgehensweise unterstützen, wie z. B. regelmäßige Retrospektiven, Dailies und Weeklies sowie Planungsmeetings. Wichtig ist, dass das Pool Team crossfunktional aufgestellt wird, sodass für die Projektteams alle nötigen Kompetenzen zusammenkommen und die Projektteams autonom arbeiten können.

Beispiel

Ein IT-Unternehmen in Berlin mit 350 Mitarbeitern ist in den vergangenen Jahren stark gewachsen. Da der angebotene Service des Unternehmens inzwischen gut ausgebaut ist, stehen neue Herausforderungen an, die sich häufig auf kürzere Projekte beziehen. Sina, die CTO des Unternehmens, stellt immer wieder fest, dass viele der neuen Aufgaben einzelnen Teams nur schwer zuzuordnen sind. Sie entschließt sich, ein Experiment zu wagen: Sie fragt in den Teams nach, welche Mitarbeiter sich vorstellen könnten, aus festen Teamstrukturen herauszugehen und in ein flexibles großes Team zu wechseln, das je nach Projekten in festen kleinen Teams auf Zeit zusammenarbeitet. Neben einigen Teams, die definitiv bestehen bleiben müssen, bietet sie das allen anderen IT-Teams an. Die Reaktion ist besser als erwartet: 80 % der Mitarbeiter können sich ein Experiment diese Art vorstellen. Nach einigem Tüfteln, wie die restlichen 20 % sinnvoll eingebunden werden können, ist Sina bereit, ein Pool Team einzuführen. Sie entscheidet sich in den ersten Iterationen für feste und gleiche Zeitabstände aller Projektteams und bespricht mit ihren Product Ownern die neuen Projekte und deren Zielsetzungen. Schnell wird deutlich, dass manche Themen umfassender als andere sind und diese in sinnvolle Einheiten (Teilprojekte) unterteilt werden müssen. Bei der anschließenden Präsentation im neuen Pool Team wird zuerst mit allen gemeinsam erarbeitet, was für das erfolgreiche Funktionieren des Experimentes „Pool Team" wichtig ist. Anschließend werden die neuen Projekte aufgezeigt und die Personen können sich nach bestem Gewissen zuordnen. Jedes Projekt hat einen Product Owner, der konkrete Fragen der Mitarbeiter zu dem Projekt beantworten kann. Nach einigen Rangeleien um anscheinend beliebte Projekte und der Bitte um eine bessere Verteilung sind alle Projekte passend besetzt. Die kleinen Teams gehen direkt in ein Bootstrapping und besprechen alles Wichtige, um am nächsten Tag arbeitsfähig zu sein. Dabei wird sofort deutlich, dass hinreichendes Augenmerk auf den logistischen Aufwand gelegt werden muss, da teilweise Schreibtische verschoben und Teamräume für bestimmte Zeit neu eingerichtet werden müssen. Dann beginnen die Projektteams mit ihrer Arbeit. Im Großen und Ganzen läuft die Iteration erstaunlich gut. Bestimmte Themen wie etwa das Aufsetzen von Standards sind noch auszubauen und gemeinsam zu besprechen. Nach vier Wochen findet der erste Demo Day statt, bei dem die Projekte vorgestellt und diskutiert werden, und anschließend sowohl eine Projektteam- als auch eine Pool-Retrospektive mit allen Beteiligten. Dabei wird einiges gelernt, zwischenzeitlicher Frust besprochen und zur Verbesserung für die nächste Iteration mitgenommen. Bei einer Abstimmung von Sina, ob es weitere Iterationen geben soll, sind so gut wie alle dafür. Ihnen gefällt es, dass sie Projekte, bei denen sie wirklich gerne mitarbeiten wollen, wählen können. Um die erste Iteration würdig zu beenden, hat Tina eine riesige Torte in Pool-Form gekauft, die von allen erst bewundert und dann verschlungen wird. In den folgenden Iterationen wird der Prozess weiter verbessert und erfolgreich weiterentwickelt.

Mögliche Herausforderungen

Für Mitarbeiter kann es herausfordernd sein, das Team und damit ihre Kollegen ständig zu wechseln. Die Erfahrung zeigt, dass das Arbeiten im Pool Team nicht für jeden praktikabel ist und für manche zu wenig Stabilität beinhaltet. Es ist also wichtig, im Pool Team Mitarbeiter zu haben, die es als Herausforderung und Lernmöglichkeit sehen, in vielfältig gemixten, kleinen Teams an neuen Projekten zu arbeiten und wenig feste Strukturen zu haben (vgl. Abb. 10).

Umfang und zeitlicher Rahmen von einzelnen Projekten können häufig falsch eingeschätzt werden. Hier bietet es sich über die Zeit an, immer wieder zu reflektieren, wie gemeinsam diesbezüglich bessere Einschätzungen erreicht werden können (s. Hack „Estimation Poker"). Die Mitarbeiter sollten in die Planung und in die konkrete Zielformulierung der einzelnen Projekte so viel wie möglich einbezogen werden, damit ihre Expertise eingebunden wird und ihr Commitment steigt. Eine große Herausforderung ist die Maintenance (= Instandhaltung und Pflege der fertiggestellten Projektinhalte, gerade im IT-Bereich). Hierfür muss eine Lösung gefunden werden, die von einem festen Maintenance Team bis hin zur an einzelnen Personen hängenden Verantwortung gehen kann.

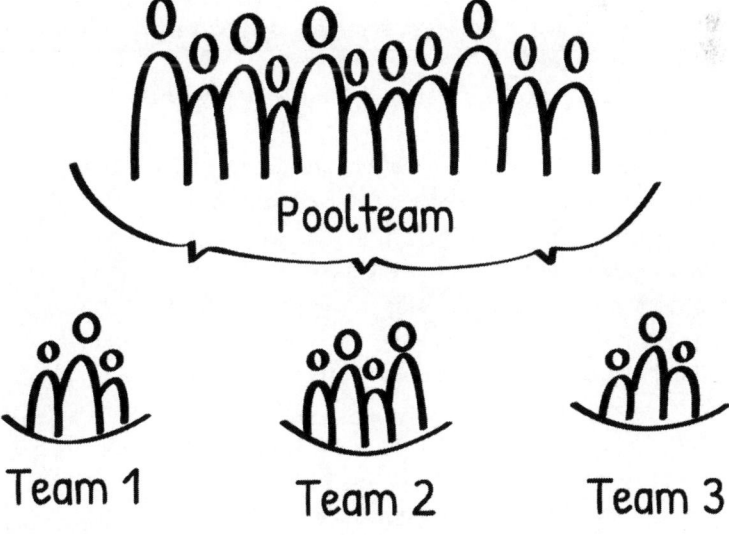

Abb. 10 Pool Team

Post Mortem Analysis

Schwierigkeit	Aufwand	Zielgruppe
●	●	ᵒᵒᵒ ⋔

▶ Die Post Mortem Analysis (PMA) betrachtet systematisch abgeschlossene Projekte und Prozesse und leitet Erkenntnisse für Verbesserungen ab.

Warum wichtig – Nutzen und Impact

In Arbeitskontexten, in denen Fehler und Probleme sofort große Auswirkungen haben, ist es wichtig, für zukünftige Kontexte schnell zu lernen. Die Post Mortem Analysis (PMA) schafft den Kontext, um dezidiert aus den vorangegangenen Vorgehensweisen Erkenntnisse zu gewinnen und somit Fehlerquoten, Ausfallzeiten und Ineffizienzen abzubauen. Das spart eine Menge Zeit und Geld und verhindert Frust und Demotivation. Die Post Mortem Analysis fördert die Kollaboration über Teamgrenzen hinaus, da das gemeinsame Verständnis für Kontexte erhöht wird.

Beschreibung

Die PMA hat grundsätzlich immer den gleichen Aufbau, der situativ angepasst und ergänzt werden kann:

1. Es werden alle notwendigen Daten und Informationen gesammelt.
2. Daten und Informationen werden gemeinsam analysiert, besprochen und verinnerlicht.
3. Wichtige Erkenntnisse werden herausgefiltert und Ursachen und Wirkungen von Schlüsselfaktoren abgeleitet.
4. Handlungsableitungen, Vorschläge für und Entscheidungen von neuen Vorgehensweisen sowie anschließendes Feedback und Reflexion schließen die PMA ab.

Nach der PMA werden die wichtigsten Ergebnisse an weitere Stakeholder und zukünftig betroffene Personen weitergegeben. Alle inhaltlich beteiligten Personen sind bei der Analyse anwesend, also in der Regel zwischen drei und zehn Mitarbeiter. Auf diese Weise kann holistisch und so vollständig wie möglich auf alle wichtigen Informationen zugegriffen und reflektiert werden. Ziel ist es, aus möglichen Fehlern, Versäumnissen und blinden Flecken zu lernen, um in einer ähnlichen Situation beim nächsten Mal besser reagieren und vorgehen zu können. Hierbei geht es z. B. um Absprachen, Verantwortlichkeiten, Fehler im System, Monitoring, Zusammenarbeit und Timing. Im Fokus steht nicht die gegenseitige Schuldzuweisung, sondern das gemeinsame Verstehen der Ursachen und deren weitere Auswirkungen im Prozess. Dabei wird in der PMA zuweilen sekundengenau analysiert, was in welcher Abfolge und Abhängigkeit geschehen ist. PMAs können ein wichtiger und institutionalisierter Baustein in der Fehleranalyse sowie im Verbesserungsprozess im Unternehmen sein und nicht nur in der IT, sondern im ganzen Unternehmen eingebunden werden.

Tipps zum Implementieren

Es bietet sich an, dass ein Moderator durch den Prozess der PMA führt, während die Mitarbeiter sich auf die Inhalte fokussieren. Wenn PMAs im Unternehmen noch nicht bekannt sind, ist es wichtig, über den Mehrwert und die Sinnhaftigkeit zu sprechen und diese im Unternehmen zu kommunizieren. Zum guten Gelingen einer PMA ist es zwingend notwendig, alle erforderlichen Informationen transparent und zugänglich zu machen. Alle involvierten Personen sollten unbedingt anwesend sein, damit eine 360-Grad-Analyse erfolgreich stattfinden kann. Der positive Blick auf die Arbeit der Mitarbeiter, dass jeder zu entsprechenden Zeitpunkten im besten Sinne gehandelt hat (s. Hack „Prime Directive"), ist elementar für das Gelingen einer PMA.

Beispiel

Ein Unternehmen, das international erfolgreich Reiseevents anbietet, hat zehn verschiedene Sprachversionen und Landing Pages (= Startseiten, basierend auf der jeweiligen Sprache). Im Schnitt suchen in der Minute pro Landing Page 20 neue User nach Angeboten. Als die spanische Landing Page nicht mehr funktioniert, stößt der Kundensupporter Amancio als Erster auf dieses Problem. Er selbst findet den Fehler nicht und fragt in seinem Team nach. Auch dort weiß man nicht, was die Ursache sein könnte. Amancio schreibt seiner befreundeten Kollegin und Entwicklerin Tina, die gerade ihre Fokuszeit hat und an die in dieser Zeit keine Mitteilungen übertragen werden. Nach zwei Stunden intensiver Arbeit sieht Tina die Benachrichtigung und eskaliert sie direkt in dem dafür vorgesehenen Chat-Kanal. Erst fünf Stunden nach Auftreten des Problems kann es behoben werden. In den fünf Stunden konnten ca. 3000 neue Suchanfragen nicht angenommen werden, was einen potenziellen Verlust von 50 bis 75 neuen Buchungen verursacht hat. Nachdem das Problem behoben ist, beruft Tina eine PMA ein. In der ausführlichen Analyse kommen zwei Ursachen für das späte Eskalieren zutage: 1) Amancio und das Support Team wussten nicht um die Dringlichkeit der sofortigen Bearbeitung des Fehlers. 2) Amancio wusste nicht, dass es einen unternehmensinternen „War Room" gibt, einen Chat, in dem alle größeren Fehler direkt eskaliert und den entsprechenden Personen mitgeteilt werden. Er hätte die Ausfallzeit auf maximal 75 min begrenzen können. Als Erkenntnis nehmen die Teilnehmer mit, dass im Unternehmen der sogenannte „War Room" transparent gemacht werden muss, damit dieser auch seinen Zweck über den IT-Bereich hinaus erfüllen kann. Tina nimmt das To-do an, eine Ankündigung im Unternehmens-Chat zu machen und im All Hands Meeting auf den Sachverhalt hinzuweisen.

Durch die PMA wird innerhalb von zwei Stunden sowohl entdeckt, welche Vorgehensweisen zu welchen Problemen geführt haben, als auch welche Schwachstellen in der Kommunikation bzw. Transparenz bzgl. Eskalationen vorliegen. Von diesen Erkenntnissen abgeleitet werden To-dos verteilt und die PMA erfolgreich abgeschlossen.

Mögliche Herausforderungen

Gerade bei konfliktreichen PMAs kann es schnell zu gegenseitigen Schuldzuweisungen kommen. Gemeinsame Gesprächsregeln (s. Hack „Meeting Rules") helfen bei der Versachlichung und müssen gegebenenfalls durch Moderatoren immer wieder bewusst gemacht werden. Wenn PMAs nicht zeitnah stattfinden, sondern aufgeschoben werden, Sachverhalte immer weniger nachvollziehbar und dadurch schwieriger, eine Analyse durchzuführen, weshalb die PMAs so zeitnah wie möglich stattfinden sollten. Zeitdruck und das Arbeiten an bereits neuen Projekten und Themen erschweren es, alle Beteiligten zu einer PMA zusammenzubringen. Um diese Herausforderungen zu überwinden, ist die Unterstützung der Geschäftsführung sowie der involvierten Führungskräfte hilfreich.

Prime Directive

Schwierigkeit	Aufwand	Zielgruppe
●●	●	ᐯᐯᐯᐯᐯᐯᐯ

▶ Die Prime Directive ist wie ein Fundament für das Mindset. Jeder Person wird erst einmal zugesichert, nach bestem Gewissen gehandelt zu haben.

Warum wichtig – Nutzen und Impact

Ein grundlegend positives und humanistisches Verständnis ist Ausgangspunkt der Prime Directive. In Zeiten von vielen Veränderungen, neuen Anforderungen und Herausforderungen ist es wichtig, sich offen und frei ausprobieren zu können. Hierbei hat die Prime Directive einen besonderen Stellenwert. Die Prime Directive schafft einen vertrauensvollen Rahmen, in dem man sich frei bewegen kann. Wenn jeder Fehler, jedes Missgeschick direkt kritisiert, sanktioniert oder einem vorgehalten wird, verlieren Mitarbeiter schnell den Impuls, etwas zu wagen, auszuprobieren und zu experimentieren. Gerade in Zeiten von iterativer Arbeit und neuen innovativen Herangehensweisen wird die Prime Directive zum wichtigen Ausgangspunkt von New Work und Agile Working.

Beschreibung

Der Begriff Prime Directive stammt von Norman Kerth, der in seinem Buch „Project retrospectives a handbook for team reviews" zum ersten Mal der positiven Grundhaltung einen konkreten Namen gibt. Die Prime Directive wird heutzutage als eine der wichtigsten Grundlagen für Retrospektiven und SCRUM Sprints genutzt, da sie eine offene Gesprächs- und Experimentierkultur fördert. Diese Kultur setzt auf Vertrauen und nicht auf das Bewerten des Gegenübers. Die Prime Directive wird idealerweise zum festen Bestandteil des kollektiven Mindsets und unterstützt Teams, Mitarbeiter und Führungskräfte darin, mit einem positiven Grundverständnis von sich und anderen in schwierige und herausfordernde Gespräche und Situationen zu gehen. Damit ist die Prime Directive nicht nur für agile Teams geeignet, sondern bringt einen grundsätzlichen Mehrwert für Unternehmen, die Fehlerkultur, innovatives und iteratives Arbeiten sowie Experimentieren fördern und fordern. Die Prime Directive kann jederzeit hinzugezogen werden, wenn schwierige Gespräche geführt werden müssen, und dient vor allem der eigenen Reflexion sowie der Team-Reflexion (s. auch Hack „Retrospektiven") für den Umgang mit solchen Situationen.

Tipps zum Implementieren

Die Prime Directive ist nichts, was man einmal gehört hat und dann direkt jederzeit anwenden kann. Sie ist vielmehr ein Baustein des Mindsets, der sich erst im Handeln und in der Auseinandersetzung manifestieren kann. Damit die Prime Directive Teil der Unternehmenskultur und insbesondere der Gesprächskultur werden kann, ist es förderlich, die sie als visuelles Statement z. B. in den Meeting-Räumen aufzuhängen. Damit wird es leichter, sie konkret zu leben, sie existiert nicht nur als ein ideelles Konzept irgendwo auf dem Papier. Des Weiteren kann es von großem Vorteil sein, als Team gemeinsam darüber zu reflektieren, was die Prime Directive für die eigene Kommunikation und Interaktion im Team bedeutet. Auf diese Weise wird die Prime Directive selbstverständlicher sowie Stück für Stück in das Teamverhalten integriert und zum Leben erweckt.

Beispiel

Es findet ein Teamgespräch statt, da Sebi, ein noch relativ neues und motiviertes Teammitglied, ohne das Wissen der anderen ein neues Teilprodukt zum Launch freigegeben hat. Die anderen Teammitglieder, es handelt sich um ein erfolgreiches und gut situiertes Team, sind sauer, da sie nicht nach ihrem „GO" gefragt wurden und somit die Freigabe zum Launch nicht gemeinsam entschieden worden ist. Sie werfen Sebi vor, sich nicht an den gemeinsamen Teamentschluss gehalten zu haben. Sie beharren darauf, dass diese Vorgehensweise für alle gilt und niemand sich herausnehmen kann, alleine diese Entscheidung zu treffen, da das Vier-Augen-Prinzip gilt. Sebi ist seinerseits auch frustriert, da er nach bestem Gewissen und gewissenhafter Prüfung des Teilproduktes alle erdenklichen Schritte bis zum Launch eingehalten hat. Bei einem späteren Gespräch der beiden Teammitglieder Tom und Sabine bei einem Kaffee überlegen sie, wann sie diese Entscheidung des gemeinsamen Launches getroffen haben. Beide sind der Meinung, dass dies innerhalb des letzten halben Jahres passiert sein muss, also in der Zeit, als neue Mitarbeiter Sebi schon zu ihrem Team gehört hat. Da Sabine sich jedoch nicht ganz sicher ist, schaut sie im gemeinsamen Meeting-Protokoll nach. Dort entdeckt sie, dass diese Entscheidung schon vor länger als einem halben Jahr getroffen worden ist. Sebi hätte natürlich beim Lesen der Protokolle diesen Entschluss bewusst wahrnehmen, sich merken und umsetzen können. Die Wahrscheinlichkeit, dass das bei der anfänglichen Informationsflut beim Eintritt in ein neues Team geschieht, ist sehr jedoch gering. Hätte das Team sofort die Prime Directive und die Grundhaltung gehabt, dass Sebi als neuer Mitarbeiter alles getan hat, was er aufgrund seines Wissensstands und seiner Fähigkeiten tun konnte, wäre es gar nicht zu diesem Disput gekommen, sondern zu einem konstruktiven Gespräch, in dem festgestellt worden wäre, dass Sebi diese Information fehlte. Es wäre nicht um Schuldzuweisung gegangen, sondern um Klärung und Verständnis.

Mögliche Herausforderungen

Menschen sind es häufig gewohnt, dass es einfacher ist, einen Schuldigen zu finden, als gemeinsam über fehlende Informationen und fehlende Unterstützung zu sprechen. Aus diesem Grund kann die Prime Directive schnell als „buddhistisches Hippietum" abgetan werden, da es meistens einfacher ist, einen Schuldigen zu finden, als darüber nachzudenken, was man selber hätte beitragen können. Es bedarf also eines tatsächlichen Mindset Shifts hin zu einer Grundhaltung von Offenheit, Neugierde und einer positiven Grundannahme gegenüber Handlungen der anderen. Häufigster Kritikpunkt an der Prime Directive ist, dass Menschen manchmal absichtlich etwas falsch machen. Dies mag grundsätzlich möglich sein – jedoch stellt sich dann die Frage, was die Person veranlasst hat, sich so zu verhalten.

Professional Internships

Schwierigkeit	Aufwand	Zielgruppe
●●	●	⋂

▶   Professional Internships sind (meist) kurze Praktika von Mitarbeitern in anderen Unternehmen.

Warum wichtig – Nutzen und Impact

Voneinander lernen kann heutzutage weit über die unternehmensinternen Grenzen hinausgehen und Erfahrungen aus anderen Unternehmen können Mehrwert in das eigene Unternehmen bringen. Professional Internships bieten Mitarbeitern die Möglichkeit, ihr Wissen weiterzugeben und sich auszutauschen. Impulse und Inspirationen von außen bringen dabei neue Ideen für das eigene Team und Unternehmen.

Beschreibung

Bei Professional Internships arbeiten Mitarbeiter für einen festgelegten Zeitraum in einem anderen Unternehmen auf ähnlicher Stelle mit, machen dort neue Erfahrungen und generieren Wissen, welches sie wieder zurück in das eigene Unternehmen bringen. Damit passen Professional Internships gut in die moderne Arbeitswelt, da sie Wissen vernetzen und Mitarbeitern eine Form der bezahlten Weiterentwicklung ermöglichen können. Es bietet sich an, mit mehreren Unternehmen gemeinsam in einem Professional-Internships-Programm zusammenzuarbeiten, da auf diese Weise ein Unternehmen nicht nur für einen bestimmten Zeitraum Mitarbeiter abgibt oder ausleiht, sondern diese Unterstützung auch von anderen Unternehmen erhält. Begleitet werden Professional Internships meistens durch den HR-/People- und Organization-Bereich im Unternehmen oder direkt über die entsprechenden Fachbereiche. Mitarbeitern wird damit die Möglichkeit gegeben, ihren Horizont zu erweitern. Das Eintauchen in ein anderes Unternehmen bietet immer auch einen Vergleich zum eigenen Unternehmen. Zu empfehlen ist ein Zeitraum von ein bis drei Wochen, da Mitarbeiter auf diese Weise Prozesse, Strukturen und das Arbeiten in anderen Unternehmen kennenlernen können, ohne dass Mitarbeiter im eigenen Team zu lange fehlen. Bei zeitgleichen Internships mit Mitarbeitern derselben Qualifikation kann die Zeitspanne flexibler variiert werden, da die fehlende Arbeitskraft besser ausgeglichen werden kann. Es bietet sich nach der Rückkehr der Mitarbeiter an, dass sie einen Vortrag halten oder Erfahrungsbericht vorzustellen. Auf diese Weise können auch andere Mitarbeiter an den neu gewonnenen Erkenntnissen im eigenen Unternehmen teilhaben.

Tipps zum Implementieren

Es ist wichtig zu definieren, was Ziel und Zweck der Professional Internships ist. So sollten diese nicht als geheimes Recruiting genutzt werden, sondern Mitarbeitern Einblicke und Wissensaustausch ermöglichen. Es ist zu empfehlen, eine feste Ansprechperson im anderen Unternehmen zu haben, an die sich Mitarbeiter richten können.

Grundlegend wichtig ist es, bevor ein Professional Internship stattfindet, über den Umgang mit sensiblen Informationen und den für die Arbeit notwendigen Freigaben und Zugangsberechtigungen festzulegen. Auf diese Weise werden unternehmensfremden Mitarbeitern eventuell unangenehme Situation erspart und das Unternehmen braucht sich keine Gedanken über die mögliche Informationsweitergabe geheimer Daten zu machen. Unter Umständen kann es sich anbieten, eine kurze schriftliche Vereinbarung hierzu zu treffen.

Adam, Designer in einem Großunternehmen in Bielefeld, hat sich schon mehrmals gefragt, wie sich das Arbeiten in Start-ups eigentlich von seiner Tätigkeit unterscheidet. Er hat schon manche Geschichten von einem Freund Maik gehört. Als die beiden sich erneut auf einer Feier treffen, erzählt Adam ihm erneut von seiner Frage. Maik ist ebenfalls Designer und arbeitet in einem Start-up mit 150 Mitarbeitern. Er schlägt Adam vor: „Komm doch einfach mal zwei Wochen zu uns und schau Dir an, wie wir arbeiten." Adam muss lachen, da er seinen kostbaren Urlaub natürlich nicht in einem anderen Unternehmen verbringen möchte und auch gar nicht genau weiß, ob das überhaupt erlaubt wäre. Doch in den nächsten Tagen lässt ihn der Vorschlag von Maik nicht los. Er geht zu seinem Manager und erzählt ihm von der Idee. Dieser findet den Gedanken zu Adams Erstaunen grundsätzlich interessant und sieht auch direkt das mögliche Potenzial für das eigene Team. Am nächsten Tag schlägt er Adam vor, einmal gemeinsam zu besprechen, was die Rahmenbedingungen eines professionellen Praktikums sein müssten. Adam ist hocherfreut und kann mit seinem Manager direkt wichtige Aspekte festhalten: Es muss zeitlich begrenzt sein, Adam muss dort in einer ähnlichen Rolle in einem Team mitarbeiten, das Start-up muss die Idee unterstützen, und nach Abschluss der zwei Wochen soll Adam zurück im Unternehmen für seine Abteilung einen kleinen Vortrag halten. Mit dieser Idee ruft Adam bei Maik an und erzählt ihm, dass es tatsächlich mal bei ihnen vorbeikommen kann. Maik klärt Adams Vorschlag in seinem Start-up ab und nach einer Woche unterschreiben beide eine Vereinbarung für ein professionelles Praktikum. Nachdem ein Zeitraum gefunden ist, der für alle Seiten machbar ist, beginnt Adam für zwei Wochen sein Praktikum im Start-up. Es werden zwei spannende Wochen für Adam, in denen er vieles über moderne und innovative Strukturen erlernt und einige Ideen für das eigene Team generieren kann. Gleichzeitig stellt er fest, dass sein Wissen fundiert ist und direkt vor Ort einen Mehrwert bringt. Durch seine langjährige Erfahrung im Entwickeln von Basiskomponenten, also Grundbausteinen einzelner Visualisierungen, kann er im Start-up inspirieren und den noch jungen Designern mehr über Systematisierung und die Anwendung variabler Grundelemente zeigen. Nach zwei Wochen kommt Adam mit neuen Impulsen und bestätigt von seiner eigenen Expertise zufrieden in sein altes Team zurück. In seiner Präsentation berichtet er von seiner Erfahrung und stellt Ideen vor, die tatsächlich nicht nur in seinem, sondern auch in anderen Teams in den nächsten Monaten ausgetestet werden. Adam ist quasi zum Experten geworden, auch wenn er selbst manchmal bestimmte Inhalte googeln muss. Er freut sich über diese neue Perspektive und unterstützt noch weitere Teams bei der Verschlankung von Prozessen. Ein paar Tage nach Praktikumsende meldet sich Maik und fragt an, ob er nicht auch einmal für zwei Wochen in das Team von Adam kommen kann.

Mögliche Herausforderungen

Die potenzielle Weitergabe sensibler Daten stellt wohl die größte Herausforderung dar. Diesbezüglich bietet es sich an, Partnerunternehmen zu wählen, die branchenfremd und damit keinesfalls Konkurrenten sind. Für das Gelingen der Professional Internships ist das Commitment beider Unternehmen vonnöten. Ist keine konkrete Verantwortung für das Projekt festgelegt, kann es schnell zum Erliegen kommen. Es bietet sich daher an, bewusst und wohlüberlegt Unternehmen und konkrete Ansprechpersonen auszuwählen. Alternativ zu einem Austauschprogramm können auch einzelne Personen, die intrinsisch motiviert sind (siehe Beispiel) ein Professional Internship zu machen, die Organisation hierfür selbst übernehmen, was den Aufwand verringert und unter Umständen die flexiblere und schnellere Lösung sein kann.

Retrospektiven

Schwierigkeit	Aufwand	Zielgruppe
●	●	ооо 𝗆̂𝗆̂𝗆̂

▶ Retrospektiven sind Teammeetings, in denen Arbeitsprozesse und deren Ergebnisse reflektiert werden, um sich kontinuierlich zu verbessern.

Warum wichtig – Nutzen und Impact

Retrospektiven tragen dazu bei, Lernerkenntnisse aus Arbeitsprozessen zusammenzutragen und zu bewerten. Dadurch lernt sowohl das Team als auch das Unternehmen. Sie begünstigen so den Wissens- und Lerntransfer im Unternehmen, da weniger Fehler gemacht werden und Verbesserungen aktiv in die Arbeitsprozesse integriert werden können. Das steigert die Zufriedenheit und das Vertrauen der Mitarbeiter und verbessert die Unternehmenskultur hin zu einem respektvollen sowie konstruktiven Umgang miteinander.

Beschreibung

Die Retrospektive (Retro) ist im Agilen Mindset eines der wichtigsten Meetings, da sie auf dem Prinzip der kontinuierlichen Verbesserung von Menschen und deren Prozessen, Teams und Arbeitsprozessen beruht. Rückmeldungen und Feedback erfolgen spätestens nach, aber eventuell auch schon während eines Arbeitsprozesses (=Iteration). Bei diesen Teammeetings, erhält das Team die Gelegenheit, die Zusammenarbeit und die Arbeitsergebnisse kritisch in den Blick zu nehmen und zu hinterfragen. In einer Retrospektive können Team-mitglieder Probleme ansprechen und Unzufriedenheit bekunden. Damit eine Retrospektive jedoch nicht zu einem Beschwerdemeeting ausartet, ist hier aktiv an Maßnahmen zur Verbesserung zu arbeiten. In Meetings, in denen sich das Team gegenseitig beschuldigt, entsteht kein Mehrwert und auch keine Verbesserung durch Lernen. In einer Retrospektive wird also konkret betrachtet, was schlecht und was gut verlaufen ist und was verbessert oder weiterentwickelt werden muss. Dafür wird ein bestimmter Ablauf in der Retro verwendet, der aus fünf Phasen besteht:

1. set the stage – Intro mit Begrüßung und Zielsetzung der Retro sowie ggf. ein Warming up.
2. gather data – Sammlung von Zahlen, Daten, Fakten zum Projekt, Status quo, Standortanalyse
3. generate insights – Ermittlung der unterschiedlichen Sichtweisen und Perspektiven und Erarbeitung von Ideen für Maßnahmen zur Verbesserung
4. decide what to do – Vereinbaren und Beschließen von Maßnahmen zur Verbesserung
5. closing – Outro mit Abschlussreflexion, klarem Ende und Verabschiedung

Erfolgreiche Teams führen nach jeder Iteration, in der Regel also alle zwei bis vier Wochen, eine Retrospektive durch, um Wissen, Erkenntnisse und Ergebnisse miteinander auszutauschen. In diesem Meeting wird der Fokus auf die Rückschau gelegt, es rundet eine Iteration inhaltlich ab und Entscheidungen für zukünftiges Arbeiten werden getroffen. Bei regelmäßigen Retrospektiven werden Team und Unternehmen gestärkt, die Zusammenarbeit gefördert und letztlich auch die Kundenzufriedenheit erhöht, da der gesamte Wertschöpfungsprozess verbessert und weiterentwickelt wird.

Tipps zum Implementieren
Eine Retrospektive sollte zunächst zu einem Ritual im Arbeitsprozess werden. Dafür ist es wichtig, dass Führungskräfte den Sinn von Retrospektiven verstehen und erfahren. Sie selbst sollten ebenfalls Retros durchführen, um auch ihre Führung kontinuierlich zu verbessern. Die Retrospektive sollte also zu einem festen Teil der Unternehmenskultur werden und konstruktives Feedback (s. Hack „Feedback-Kultur") sowie stetige Weiterentwicklung ermöglichen.

Zu Beginn sollten Retros auf jeden Fall von einem geschulten Moderator begleitet werden, um den Ablauf und Prozess zu durchdringen und das Feedbackmeeting konstruktiv durchzuführen. Auch ohne Unterstützung eines geschulten Moderators sollte immer ein Lead oder Teammitglied die Moderation der Retro übernehmen. Diese Aufgabe sollte im Team klar vereinbart sowie kommuniziert werden. Auch sollte diese Person Zeit für die Vorbereitung der Retro erhalten.

Der Zweck einer Retro sollte für alle ersichtlich sein und erlebt werden: Es soll zum einen ein geschützter Raum geschaffen werden, um zu reflektieren und miteinander zu lernen; zum anderen sollen aber immer konkrete Maßnahmen entwickelt werden. Die

Retrospektive soll durchgeführt werden, um Wissen zu transferieren und konkrete Handlungen daraus abzuleiten. Dabei kann es hilfreich sein, wenn für das Team geeignete Methoden in der Retro verwendet und ausprobiert werden (s. Hack „Start – Stop – Continue"). Häufig wird empfohlen, Retrospektiven auch für übergeordnete Themen und zum Teambuilding zu verwenden und so konsistent alle drei bis vier Monate eine längere Retro zu organisieren, wofür es sich anbietet, diese außerhalb des Unternehmens durchzuführen.

Beispiel

Das neu gegründete Team „Queenstagram" soll den Markenauftritt des Konzerns bei Instagram innerhalb kürzester Zeit erfolgreich machen. Das hoch motivierte Team arbeitet fokussiert und mit vollem Einsatz an der Zielerreichung. Viele Prozesse, Absprachen und die inhaltlichen Gestaltung einer solchen Marketingmaßnahme werden zum ersten Mal gemeinsam praktiziert. Der Produktlaunch steht bald an, weshalb im Team rund um die Uhr gearbeitet wird. Dabei schleichen sich Fehler ein und mit der Zeit auch Unzufriedenheit im Team. Da die Deadline näher rückt, nimmt sich das Team trotz starker Arbeitsbelastung vor, noch härter zu arbeiten.

Erschöpft und unzufrieden berichtet Mike seinen befreundeten Kollegen eines anderen Arbeitsbereiches von der Überlastung im Team. Sie schlagen ihm vor, die eigenen Arbeitsprozesse und Vorgehensweisen einmal zu reflektieren. Mike hält dagegen, dass die Zeit hierfür nicht vorhanden sei und eine Reflexion unmöglich in den Terminplaner passt. Dennoch nimmt er den Gedanken mit ins Team und spricht die Idee in einem der vielen Meetings an. Das gesamte Team ist dagegen und will sich darauf fokussieren, die kaum zu bewältigende Arbeit bis zur Deadline gemeinsam zu schaffen. Mike lässt der Gedanke allerdings nicht los und er hofft, in der letzten Stressphase die vielen unnötigen Fehler zu vermeiden. Er verabredet sich mit einem Agile Coach auf einen Kaffee. Dieser erzählt ihm von der Metapher der Holzfäller: Ein Mann kommt in den Wald und beobachtet, wie die Holzfäller mit stumpfer Klinge unentwegt Bäume fällen. Er fragt sie nach einiger Zeit der Beobachtung, warum sie ihre Säge nicht schärfen. Etwas genervt von der Frage antworten sie ihm, dass sie keine Zeit zum Schärfen der Säge haben, da so viele Bäume gefällt werden müssen. Bei dieser Metapher macht es bei Mike „Click". In einem ruhigen Moment erzählt er seinem Team diese Geschichte und schlägt erneut vor, gemeinsam über die Arbeitsprozess zu reflektieren, um in den nächsten sechs Wochen nicht bis zum Umfallen so weiterarbeiten zu müssen. Die Teammitglieder sind zwar nicht begeistert, willigen aber ein. Einige Teammitglieder teilen Mikes Hoffnung, dass sie dadurch entlastet werden könnten. Der von Mike kontaktierte Agile Coach soll die Retro des Teams „Queenstagram" moderieren. Er erklärt den Ablauf der Retro und führt das Team ins das Meeting ein. Während der Retro werden Unzufriedenheiten erstmals offen angesprochen und die Teammitglieder lernen, ihre unterschiedlichen Vorgehensweisen besser zu verstehen. Bei der Ermittlung von Maßnahmen entdecken sie mehrere Handlungsmöglichkeiten, um sich gegenseitig zu entlasten und Fehler zu vermeiden. Grundsätzlich zufrieden schließen sie die Retrospektive mit neuen

Erkenntnissen und konkreten Ideen für die nächsten Wochen ab. Mike schlägt vor, die nächste Retrospektive sofort festzulegen, in zwei Wochen zu schauen, ob sich etwas verändert hat und was weitere mögliche Verbesserungen sein können. Das Team „Queenstagram" hat weiterhin sehr viel zu tun, doch durch konkrete Absprachen und bessere Übergaben bei Teilaufgaben funktioniert die Zusammenarbeit bereits nach zwei Wochen besser als vorher.

Mögliche Herausforderungen
Besonders am Anfang ist es wichtig, dass die einzelnen Phasen bewusst durchlaufen werden (vgl. Abb. 11). So passiert es häufig, dass die Phase „generate insights" übersprungen wird, das sofort nach „gather data" zu „decide what to do" übergegangen wird. Dabei wird jedoch ein wichtiger Prozessschritt, der zum Verstehen von Problemen und Schwierigkeiten beträgt, nicht durchlaufen, weshalb es bei den Maßnahmen lediglich zu einer Bekämpfung von Symptomen kommen kann. Das eigentliche Problem wird nicht durchdrungen und es kann keine geeignete Maßnahme entwickelt werden.

In Retros kann es vorkommen, dass Themen unbearbeitet bleiben oder in einen Themenspeicher gelegt werden. Der Fokus sollte in der Retro allerdings auf akuten Themen und Belangen des Teams liegen. Themen sollten nicht gespeichert oder aus vorherigen Retros mitgenommen werden. Das Team wird in der Retro Themen wiederholt benennen, wenn sie weiterhin akut und relevant sind, was ein Indikator dafür ist, dass noch keine gute Maßnahme für das Problem entwickelt wurde und das Team sich in der Hinsicht weiter verbessern kann.

Dennoch kann der Verlauf der Retro dem jeweiligen Team angepasst werden: So können die Phasen „generate insights" und „decide what to do" auch miteinander verbunden werden, indem nach dem jeweiligen Insight auch die dazugehörige Maßnahme beschlossen wird, bevor zum nächsten Insight übergegangen wird.

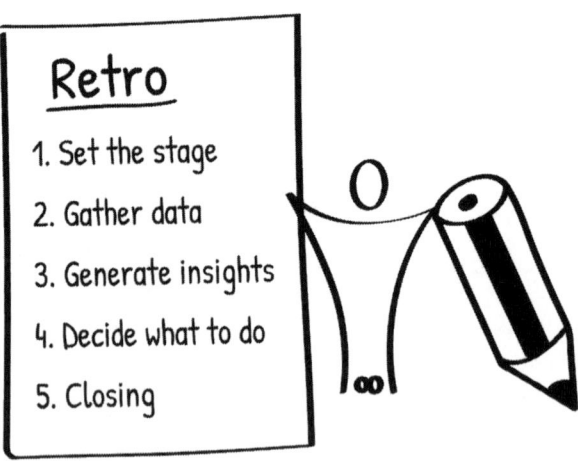

Abb. 11 Phasen einer Retrospektive

Role Definition

Schwierigkeit	Aufwand	Zielgruppe
●●	●●	⋀ + ⋔⋔

▶ Role Definitions definieren die jeweilige Rolle im Unternehmen, indem Anforderungen, Aufgabenbereiche und Zielsetzungen zu Beginn geklärt werden.

Warum wichtig – Nutzen und Impact

In Arbeitskontexten, in denen Aufgabenbereiche und ganze Unternehmensbereiche sich stetig verändern, wird eine klare Rollendefinition zum wichtigen Faktor, um fokussiert und professionell arbeiten und Anforderungen gerecht werden zu können. Damit steigen Arbeitsleistung und Produktivität von Beginn an und werden Chaos und Frustration vermieden. Durch Role Definitions können Mitarbeiter neue Herausforderungen zielorientierter und erfolgreicher angehen. Die Kommunikation zwischen Unternehmen und Mitarbeiter wird vereinfacht und erfolgt schneller. Klare Aufgabenbeschreibungen reduzieren Fehler und Misskommunikation im Unternehmen und innerhalb der Teams.

Beschreibung

Die Definition einer Rolle ist fundamental, um Mitarbeiter schnellstmöglich arbeitsfähig zu machen. Ziel ist es, durch Role Definitions die Sinnhaftigkeit einer Rolle, den Fokus der Aufgaben und die Rahmenbedingungen schnellstmöglich zu ermitteln und zu kommunizieren. Hierfür ist es notwendig, dass Anforderungen, Entscheidungsbereiche und Ansprechpartner klar definiert und miteinander abgesprochen werden. Häufig wird bei neuen Rollen lediglich über die Zielsetzung und Auftragsklärung gesprochen und nicht auch die für das Arbeiten grundlegend wichtigen Rahmenbedingungen definiert. Role Definitions gehen damit über eine normale Aufgabenbeschreibung hinaus, da nicht nur das „was", sondern auch das „wie" und „warum" geklärt und definiert werden (s. Hack „Golden Circle").

Führungskraft und Mitarbeiter setzen sich zusammen und besprechen alle relevanten Themen, um Mitarbeiter in ihrer neuen Rolle arbeitsfähig zu machen. Die Inhalte variieren dabei je nach Rolle und Aufgaben. Typische Themenbereiche, die besprochen werden können, sind Vision und Mission Statement, Fokus der Rolle, Verantwortungen, Delegation Level, unterstützende Faktoren und zeitliche Aspekte (s. Hacks „Vision", „Mission Statement", „Delegation Level"). Besprochene Inhalte werden schriftlich festgehalten und nach einer vereinbarten Zeit miteinander reflektiert. Damit wird sichergestellt, dass die definierten Rahmenbedingungen tatsächlich zur konkreten Arbeitssituation passen. Häufig werden dann einzelne Aspekte angepasst, ggf. Schwierigkeiten thematisiert und mögliche Lösungswege gemeinsam ermittelt. Je nach Umfang und Komplexität der Rahmenbedingungen sowie dem bereits bestehenden Grundverständnis beider Seiten dauert die Role Definition zwischen zwei bis fünf Stunden. Es bietet sich an, einen Moderator hinzuzuziehen, damit sowohl die Führungskraft als auch der Mitarbeiter sich auf das Erarbeiten der Inhalte konzentrieren kann. Gerade für Schlüsselfunktionen, die zwischen unterschiedlichen Unternehmensbereichen agieren müssen, ist eine klare Role Definition zu empfehlen.

In manchen Unternehmen, wie beispielsweise Atlassian in Australien, werden die Role Definitions gemeinsam mit und für das ganze Team erstellt, wenn neue Teammitglieder hinzukommen oder sich die Aufgabenbereiche und Zielsetzungen ändern. Diese Vorgehensweise kann beispielsweise gut in ein Team Bootstrapping (s. Hack „Team Bootstrapping") integriert werden.

Tipps zum Implementieren

Häufig wird von neuen Rolleninhabern erwartet, dass diese auf Anhieb gut performen können. Dazu kann das Institutionalisieren von Role Definitions einen wertvollen Beitrag leisten. Wichtig ist, dass diese Meetings klar strukturiert sowie vorbereitet sind und passend auf die konkrete Rolle ausgerichtet werden. Dabei können die Konzeptionalisierung und Erprobung von Role Definitions im Unternehmen iterativ entwickelt werden, wobei unternehmensweite, relevante Rahmenbedingungen integriert werden sollten und auf die Ergänzung individueller Rahmenbedingungen für eine erfolgreiche Role Definition geachtet werden.

Beispiel

Malte ist von seiner bisherigen Stelle, in der er User-Tests durchgeführt hat und viel über das Produkt gelernt hat, zu einer neuen Aufgabe gewechselt. Er ist nun verantwortlich für die Koordination zwischen dem Marketing, den Entwicklungsteams und seinem früheren Team „UX Allstars". In seiner neuen Rolle soll er alle wichtigen Entscheidungen begleiten und mit seiner Erfahrung die unterschiedlichen Teams gemeinsam zu besseren Ergebnissen führen. Gespannt und sehr kurzfristig startet Malte in seine neue Aufgabe und stellt bereits in den ersten Meetings fest, dass er sich zwar inhaltlich einbringen kann, aber nicht genau weiß, was alles in seinem Entscheidungsbereich liegt. Nach einer Woche kommt er etwas frustriert zu seiner vielbeschäftigten Vorgesetzten Merle, die erst jetzt Zeit für ihn hat. Malte kommt direkt zum Punkt: „Es bringt Spaß, mit den verschiedenen Teams zu arbeiten, aber wofür bin ich genau verantwortlich? Wann bin ich eher ein Wegbegleiter für die anderen? Worüber kann ich selbst entscheiden, wenn ich meine, dass die anderen eine für das Unternehmen schlechte Entscheidung treffen wollen?" Merle muss zugeben, dass die Rolle von ihr sehr spontan eingeführt wurde und sie sich über diese Fragen noch nicht ganz im Klaren ist. Sie schlägt Malte vor, sich in der kommenden Woche zusammenzusetzen und mit Unterstützung eines Agile Coachs die wichtigen Fragen und Themen zu klären. In dem dreistündigen Treffen am darauffolgenden Dienstag schaffen Malte und Merle es tatsächlich, über alle grundlegend wichtigen Themen ausführlicher zu sprechen. Dabei wird Merle deutlich, dass sie Malte „ins kalte Wasser geworfen hatte". Malte schafft es auch, Merle gegenüber seine Erwartungen klar zu formulieren: „Ich möchte bei kritischen Situationen diese zeitnah mit Dir durchgehen können und nicht erst nach einer Woche." Des Weiteren finden sie heraus, dass sie ein gemeinsames Weekly brauchen, um regelmäßig planen und Themen besprechen zu können. So erhält Malte auch die gewünschte Unterstützung bei kritischen Themen. In manchen Aufgabenbereichen entscheiden sie, den Umfang drastisch zu verkleinern, damit Malte sich besser fokussieren kann. Sie verabreden, nach einem Monat gemeinsam alle besprochenen Rahmenbedingungen noch einmal zu prüfen und ggf. anzupassen. Beide sind zufrieden und Merle hat bereits die Idee, diesen Prozess auch anderen Führungskräften für neue Rollen vorzuschlagen, um Rollen eindeutiger definieren zu können.

Mögliche Herausforderungen
Es kann herausfordernd sein, sich in stressigen Situationen die Zeit für eine Role Definition zu nehmen und nicht sofort Mitarbeitern Aufgaben zu übertragen. Die investierte Zeit für eine Role Definition wird wettgemacht, da geklärte Rahmenbedingungen fehlendes Wissen um Zuständigkeiten und Verantwortungen ersetzen und entsprechend schnell und zielorientiert in konkreten Situationen gearbeitet werden kann. Schwierig wird es, wenn die Führungskraft selbst Anforderungen und Verantwortlichkeiten der neuen Rolle nicht klar definiert hat und kommunizieren kann. Es ist zu empfehlen, gut vorbereitet in Role Definitions zu gehen, um der eigenen Führungsaufgabe gerecht zu werden und dem Mitarbeiter in seiner neuen Rolle eine schnelle Einarbeitung und gute Arbeitsfähigkeit zu ermöglichen.

Shared Pain Points

Schwierigkeit	Aufwand	Zielgruppe
●	●	○○○○○○○ ᗰᗰᗰᗰᗰ

▶   Shared Pain Points bedeutet Teilen von Problemen in der eigenen Arbeit mit anderen Mitarbeitern im Unternehmen, um gemeinsame Lösungen zu finden.

Warum wichtig – Nutzen und Impact

Das Aufzeigen von Pain Points in Unternehmen ermöglicht es Mitarbeitern, schnell von anderen Kollegen Lösungsansätzen und Ideen zu erhalten. Damit wird in der Problembehebung und Lösungsfindung Zeit gespart und die vorhandenen Kompetenzen im Unternehmen gekonnt genutzt. Das erhöht die Vernetzung im Unternehmen und das Bewusstsein dafür, Schwierigkeiten nicht alleine lösen zu müssen.

Beschreibung

Pain Points können ungelöste Probleme, Schwierigkeiten im Umgang miteinander und fehlendes Wissen für neue Herausforderungen sein. Damit können Pain Points als grundlegende Blockade in Arbeitsprozessen bezeichnet werden. Die eigenen Pain Points zu teilen und sich Hilfe zu holen bedeutet, dass das Problem für andere geöffnet und zugänglich gemacht wird. Die Bereitschaft hierfür hängt stark von der Unternehmenskultur ab, in der das Teilen von Pain Points entweder als Stärke anerkannt oder als Schwäche abgetan wird. Damit Pain Points geteilt werden können, bedarf es Möglichkeiten, in denen diese mit anderen geteilt werden können. Hierfür bieten sich verschiedene Formate an, wie z. B. die COP (s. Hack „Community of Practice") oder Wissensaustausch (s. Hack „Knowledge Sharing Formats"). Auch können stark frequentierte Orte im Unternehmen das Teilen von Pain Points vereinfachen, wie beispielsweise ein offener Café-Bereich im Unternehmen (s. Hack „Open Coffee Area"), wo direkt Kollegen angesprochen werden können, ohne diese in ihren eigenen Arbeitsprozessen zu unterbrechen. Es bietet sich weiterhin an, digitale Kanäle hierfür zu kreieren, in denen das Problem beschrieben werden kann und andere Mitarbeiter direkt und zeitnah antworten können. Wie auch immer Möglichkeiten für das Teilen von Pain Points gestaltet werden, es ist wichtig, dass diese von den Mitarbeitern genutzt werden und zu konstruktiven Lösungen führen. In dem Buch „Innovation as usual" von Miller und Wedell (2013) wird aufgezeigt, dass häufig Wissen für Problemlösungen als Kompetenz im Unternehmen vorliegen, jedoch meistens nicht genutzt wird, da die Strukturen und Prozesse für das Teilen von Pain Points nicht ausgebaut sind und Mitarbeiter gar nicht von den Problemen erfahren können. Auf diese Weise wird viel Zeit verloren und ggf. teure externe Hilfe angeheuert. Als ein übergeordnetes und unternehmensweites Event kann sich auch eine Week of Learning (s. Hack „Week of Learning") anbieten.

Tipps zum Implementieren

Wenn die Möglichkeiten im Unternehmen verbessert werden sollen, Pain Points miteinander zu teilen, ist es wichtig, die Infrastruktur hierfür von Unternehmensseite her zu ermöglichen und beim Aufsetzen zu helfen. Das kann etwa die Errichtung eines Chat-Kanals nur für Pain Points sein, der ggf. bei Bedarf in thematische Sektionen aufgespalten wird. Auf unternehmenskultureller Ebene ist zu beachten, dass es ein

Zeichen von Stärke ist, die eigenen Pain Points offen aufzuzeigen und nach Unterstützung zu fragen. Gegebenenfalls bietet es sich an, regelmäßige Sessions zu machen, in denen Pain Points vorgestellt werden und miteinander nach Lösungsansätzen geforscht wird.

Beispiel

Max und Tim, beides gute Entwickler, sitzen seit einigen Tagen am selben Problem. Zu Beginn hat es Spaß gebracht und sie fühlten sich herausgefordert. Inzwischen ist es eher frustrierend und kein erkennbarer Fortschritt sichtbar. Nachdem sie genervt feststellen müssen, dass sie nicht weiterwissen, sprechen sie mit ihrem Lead über ihr Problem. Dieser kann ihnen beim Lösen des Problems zwar nicht helfen, schlägt ihnen jedoch vor, im kommenden All Hands Meeting in den Mitteilungen am Ende ihr Problem kurz anzusprechen und nach Unterstützung zu fragen. Max und Tim können sich das nicht vorstellen, da sie ja dann vor dem ganzen Unternehmen zeigen müssen, dass sie ihr Problem selbst nicht lösen können. Nachdem sie aber darüber nachgedacht haben, klingt der Vorschlag tatsächlich sinnvoll. Im All Hands Meeting zeigen sie ihre Problemstellung kurz auf und bitten um Hilfe. Tatsächlich kommen drei andere Entwickler aus dem Unternehmen nach dem Meeting auf sie zu und bieten ihre Unterstützung an, da sie glauben, eine mögliche Idee zur Lösung des Problems zu haben. In derselben Woche treffen sie sich zu fünft. Max und Tim stellen das Problem und ihre bisherigen gescheiterten Lösungsansätze vor und gemeinsam denken sie über neue Lösungswege nach. Nach drei Stunden und geballter Kompetenz im Raum wird tatsächlich eine Lösung gefunden. Max und Tim sind so begeistert von dem Verfahren, dass sie sich vornehmen, ein Format ins Leben zu rufen, in dem Entwickler ihre Probleme teilen können und die Gruppe gemeinsam an Lösungsmöglichkeiten arbeitet. Nach einigen Durchläufen des neuen Formats, das sie „Power Ranger Fixes" nennen, haben sie den Ablauf des Prozesses bereits verbessert und sorgen dafür, dass es ein reguläres Treffen für Pain Points wird, das einmal wöchentlich stattfindet.

Mögliche Herausforderungen

Sich nicht offen einzugestehen, dass Unterstützung benötigt wird, kann dazu führen, dass sehr viel Zeit verschwendet wird, in der ein relevantes Problem nicht gelöst werden kann. Dem können Unternehmen entgegenwirken, indem sie grundsätzlich das Teilen von Problemen, Fehlern und Herausforderungen unterstützen. Somit kann es zum Normalfall werden, die Expertise der Kollegen in die eigenen Problemlösungen mit einzubinden. Fehlende Formate, um Pain Points sichtbar zu machen, erschweren es, gemeinsam an kniffligen Problemstellungen zu arbeiten. Hier hilft es, neue Formate auszuprobieren und gegebenenfalls auf die Unternehmensbedürfnisse hin anzupassen.

Shift to Leadership

Schwierigkeit	Aufwand	Zielgruppe
● ● ●	● ●	⁰ ⁰ ⁰⁰ ⁰⁰ ⁰ ⅿⅿⅿⅿ

▶ Shift to Leadership bedeutet, dass klassisches Management sich in Zeiten moderner Arbeitsformen hin zur Führung von Menschen verschiebt.

Warum wichtig – Nutzen und Impact

Im Zeitalter der Wissensarbeit verändern sich die Anforderungen an Führungskräfte grundlegend. Überall dort, wo Menschen nicht mehr am Fließband arbeiten, brauchen diese Unterstützung und nicht Fremdbestimmung. Der Shift to Leadership (=die hin Verschiebung zu Führung) ist deshalb so wichtig, da Menschen individuell und situativ vor unterschiedlichen Herausforderungen stehen und damit verschiedene Nuancen von Führung brauchen. Der Impact von Leadership ist besonders groß, weil Fachexperten bei ihren Herausforderungen Unterstützung brauchen und die Führungskraft nicht mehr zwangsläufig mehr Wissen hat. Der Shift to Leadership wird essenziell, da vor allem junge Generationen „empowered" und nicht herumkommandiert werden wollen. Reines Management kann dieser Anforderung nicht mehr entsprechen.

Beschreibung

Während im klassischen Management vor allem Prozesse und Mitarbeiter „gemanagt" werden, wird im Leadership der Fokus auf die Führung und Weiterentwicklung der Mitarbeiter gelegt. Der Führungsstil selbst basiert häufig auf einem „Flexible Mindset" oder „Growth Mindset", ist wertegetrieben und auf die Mitarbeiter fokussiert. Eine moderne Führungskraft sieht sich als Unterstützer, Wegbegleiter und Challenger. In New-Work-Kontexten ist diese Art der Führung inzwischen der Regelfall und klassische Manager haben hier keine Chance mehr. In traditionellen Unternehmen ist zu beobachten, dass der Wandel hin zur Führung bereits begonnen hat. Dennoch tut sich gerade das mittlere Management damit schwer, da es häufig einen Machtverlust befürchtet und auch nicht mit dem Shift to Leadership vertraut ist. Im Mindset des modernen Leaderships geht es nicht um Macht und Machterhalt, sondern darum, andere bestmöglich zu unterstützen, wachsen zu lassen und im besten Fall sich selbst weitestgehend überflüssig zu machen und neuen Herausforderungen zu widmen. Anstelle von Kontrolle und Mitarbeit auf der Mikroebene verlagert sich der Fokus neben der Weiterentwicklung der Mitarbeiter auf die strategische Ebene und das Entfernen von Störfaktoren und Blockaden für Teams.

Tipps zum Implementieren

Shift to Leadership bedeutet, dass sich die gesamte Unternehmens- und Führungs-
kultur verändert. Hierbei kann es hilfreich sein, umfangreicher Unterstützung und gegen-
seitigem Vertrauen im Prozess besondere Aufmerksamkeit zu widmen. Konkret bedeutet
das, viele Gespräche zu führen und Sorgen, Problemen und Vorbehalten Raum zu geben.
Entscheidend ist, dass das obere Management diesen Shift nicht nur vorschlägt und unterstützt, sondern vor allem auch selbst lebt und als Vorbild fungiert. Ausschlaggebend für
den Erfolg wird sein, dass das „Warum" (s. Hack „Golden Circle") deutlich gemacht
wird und sich stetig wiederholend zum Narrativ der Veränderung von Management hin
zu Leadership wird. Es sollte nicht unterschätzt werden, wie wichtig es ist, regelmäßig
zu betonen, warum und wofür diese Veränderungen vollzogen werden. In einem konser-
vativen Umfeld ist zu empfehlen, Leitbilder, konkrete Praxisbeispiele und Leadership
Trainings anzubieten. Auf diese Weise wird Managern die Angst vor den Veränderungen
genommen und ihnen konkrete Handlungsmöglichkeiten aufgezeigt, sodass sie in ihre
neue und noch unbekannte Rolle besser einsteigen können. Zur Unterstützung bieten sich
des Weiteren verschiedene Formate zum Austausch an (s. Hack „Leadership Roundtable"
oder „Community of Practice").

Beispiel

Ein klassisches mittelständisches und familiengeführtes Produktionsunternehmen hat
sich den Anforderungen der Kunden angepasst und einen Onlineshop eröffnet. Dieser
Bereich hat sich erfolgreich in den vergangenen zwei Jahren vergrößert und ist auf
20 Mitarbeiter angewachsen. Zwischen Manager und Teammitgliedern gibt es immer
wieder Probleme bezüglich der Prioritätensetzung, der Ausrichtung des Shops und
des Umgangs miteinander. Der Manager Toma, ein erfahrener und langjähriger Mitarbeiter des Produktionsunternehmens, hat seine festen Vorstellungen, was mit dem
Shop geschehen soll. Die Mitarbeiter in diesem Bereich, darunter mehrere exzellente
Programmierer und Designer, fühlen sich nicht frei darin, ihre Expertise voll auszu-
nutzen und sich dabei gleichzeitig auch noch weiterentwickeln zu können. Nachdem
mehrere junge Mitarbeiter diesen Bereich wieder verlassen haben und die Stimmung
schlecht ist, gehen ein paar Teammitglieder zum Inhaber des Unternehmens, Kai. Ihm
erzählen sie von ihrer Unzufriedenheit, der hohen Fluktuation und von dem Potenzial, das sie für den Shop und damit für das Unternehmen sehen. Sie berichten ihm
davon, wie andere Unternehmen aufgebaut sind und dass vor allem Start-up vieles
anders machen. Sie überzeugen den Inhaber Kai, dass sie mehr Freiheit und mehr
Eigenverantwortung brauchen, um erfolgreich arbeiten zu können. Der Inhaber,
der das Familiengeschäft erfolgreich weiterführen möchte, hört sich alles offen und
interessiert an. Anschließend entscheidet er sich mit Unterstützung eines externen
Beraters, ein neues Führungsmodell auszuprobieren. Hierbei soll es vor allem darum
gehen, Mitarbeitern mehr Freiheit zu ermöglichen und Entscheidungen zu vereinfachen. Nach einigen Workshops und tiefgreifenden Veränderungen steht eine neue
Idee. Toma, der Manager in diesem Bereich, soll zukünftig Verantwortung abgeben

und zum Unterstützer der Mitarbeiter werden. Dies fällt ihm anfänglich schwer, doch nach einiger Zeit entwickelt Toma sogar Spaß daran, gemeinsam mit seinen jungen Mitarbeitern an weiterführenden Ideen zu arbeiten und sich nicht selbst und alleine den Kopf darüber zerbrechen zu müssen, weil ihm das Fachwissen für viele Entscheidungen schlichtweg fehlt. Er erkennt mehr und mehr, wie er das Potenzial seiner Mitarbeiter für das Unternehmen positiv einsetzen und nutzen kann, und schafft durch den anerkennenden Umgang miteinander gleichzeitig eine höhere Zufriedenheit bei den Mitarbeitern. Nach einem Jahr und vielen spannenden und manchmal auch herausfordernden Erfahrungen hat sich die gesamte Stimmung in diesem Bereich verändert. Toma ist nur noch in wenige, alltägliche Entscheidungen aktiv involviert, sondern unterstützt die Mitarbeiter bestmöglich, Entscheidungen im Team selbst treffen zu können. Somit wird er als mögliches Korrektiv und wegen seiner Erfahrungen im Produktionsunternehmen selbst gefragt. Er kann seine Erfahrung weitergeben und gleichzeitig andere in ihrem Arbeiten unterstützen.

Mögliche Herausforderungen
Gerade zu Beginn dieser Veränderung hin zu Leadership fällt es Managern schwer, inhaltliche Kontrolle abzugeben. Hierbei ist es immens wichtig, den Managern deutlich zu machen, worin der Mehrwert ihrer Arbeit in Zukunft bestehen kann. Um erfolgreich diese Herausforderung leisten zu können, muss es zwangsläufig zu einem Mindshift kommen. Wenn Führungskräfte nicht bei den Veränderungen vom Management hin zu Leadership begleitet werden, besteht die Gefahr, dass diese den Shift to Leadership nur auf dem Papier, aber nicht im realen Arbeitsleben schaffen. Sie brauchen dabei sowohl Unterstützung als auch Vorbilder und regelmäßiges Feedback (vgl. Abb. 12). Manche Manager schaffen allerdings die Veränderung hin zu Leadership nicht. Hierbei ist es wichtig abzuwägen, welche Konsequenzen daraus gezogen werden müssen, und zu überlegen, wie und ob die Person weiterhin einen sinnvollen Beitrag für das Unternehmen

Abb. 12 Shift to Leadership

leisten kann. Herausfordernd wird der Change, wenn das Top-Management weiterhin die volle Kontrolle behalten möchte und gleichzeitig vom mittleren Management erwartet, den Shift to Leadership schnellstmöglich zu vollziehen. Hier ist immer wieder zu beherzigen, dass dieser Kulturwandel nur gemeinsam geschehen kann und nicht von heute auf morgen passiert. Er bedarf harter Arbeit, herausfordernder Diskussionen und eines gemeinsamen Lernprozesses.

Spice Girls Approach

Schwierigkeit	Aufwand	Zielgruppe
●	●	$\overset{o}{\cap}$ + $\overset{ooo}{\cap\cap\cap}$ + $\overset{oooooo}{\cap\cap\cap\cap\cap\cap}$

▶   Im Spice Girls Approach wird nach den wirklichen Bedürfnissen im Arbeitskontext gefragt: „Tell me what you want, what you really really want."

Warum wichtig – Nutzen und Impact
Seine eigenen Bedürfnisse und „wirklichen" Wünsche zu kennen, erleichtert das Arbeiten in vielerlei Hinsicht. Man ist in der Lage, klare Aussagen zu treffen und Aufgaben besser zu delegieren, Entscheidungen können schneller und zielorientierter erfolgen und es gelingt ein konstruktives Miteinander in der Zusammenarbeit. Unternehmen können ihre Company Vision sowie ihr Mission Statement besser herausarbeiten und dadurch zielorientierter arbeiten. Herauszufinden, was Menschen wirklich wollen und antreibt, bringt im Unternehmen mehr Commitment und bessere Ergebnisse, da die Personen an den Themen arbeiten, für die sie sich, intrinsisch motiviert, bewusst entscheiden.

Beschreibung
Der Spice Girls Approach geht auf den Song „Wannabe" der weltbekannten britischen Girlband „Spice Girls" mit der berühmten Zeile „Tell me what you want, what you really really want" zurück. In New-Work-Kontexten wird dieser Satz verwendet, um pointiert nach den Wünschen und Bedürfnissen des Unternehmens, der Kunden und der Mitarbeiter zu fragen. Frithjof Bergmanns Grundannahme im New Work ist, den wirklichen Wünschen und Bedürfnissen in der Arbeit nachzugehen und diese zu verwirklichen. Dahinter steht die Idee, sinnstiftende Arbeiten zu verrichten und seine Tätigkeiten danach auszurichten. Durch einen Spice Girls Approach kann immer wieder ermittelt werden, worin der eigentliche Wunsch liegt und was man tatsächlich von seiner Arbeit erwartet. Sich mit der eigenen Sinnhaftigkeit und dem eigenen Anliegen auseinanderzusetzen,

erfordert Reflexionskompetenz und Offenheit sowie Mut zur Veränderung, denn im normalen Arbeitsalltag wird der Blick auf die Essenz der eigenen Arbeit im Unternehmen häufig vergessen. Aus diesem Grund hat Stephen Bungay (2011) aus seiner Beratungstätigkeit die „Spice Girls Question" abgeleitet, die er in seinem Buch „The Art of Action" als Frage nach dem Wesentlichen in der Arbeit beschreibt. Doch nicht nur Gründern und der Geschäftsführung sollten diese Essenzen klar sein, sondern auch transparent an alle Mitarbeiter vermittelt werden. Es geht also darum, kritisch zu hinterfragen und so eine klare Ausrichtung zu erhalten, die dem Unternehmen und den Mitarbeitern das Arbeiten erleichtert. Die Spice Girls Question sollte also mehr als nur eine Fragestellung sein: Sie sollte in verschiedenen Meetings Einzug in die Gespräche und Denkweisen finden, um im Sinne des New-Work-Gedankens sinnstiftende Arbeit zu verrichten und so zufriedener und motivierter zu arbeiten.

Tipps zum Implementieren
Der Spice Girls Approach ist leicht verständlich. Durch die kernige Bezeichnung kann jeder im Unternehmen sich vorstellen, was gemeint ist, und der Ansatz kann auf allen Ebenen im Unternehmen angewandt werden. Wichtig dabei ist, dass auch alle offen ihre Meinung und Bedürfnisse kundtun können. Es bietet sich also an, den Spice Girls Approach zu erläutern und regelmäßig in verschiedenen Formaten als Frage zu formulieren.

Beispiel

Max ist ein junger, sehr gut ausgebildeter und interessierter Entwickler, der erst vor einigen Monaten zum Unternehmen gestoßen ist. Er versteht sich gut mit seinem Lead und seinem Team, trägt effektiv zum Teamziel bei und bereichert das Team durch seine Fragen. Liebevoll wird er von seinem Team „Maxi" genannt, da er stets versucht, das Maximum herauszuholen. Im Jahresgespräch stellt sich sein Lead Ella auf ein einfach verlaufendes Gespräch ein. Umso überraschter ist sie, als sie von Max hört, dass er momentan nicht weiß, wie er sich verhalten und entscheiden soll. Er habe ein Angebot von einem anderen Unternehmen erhalten, das ihm anbietet, im Ausland zu arbeiten. Max findet das Angebot spannend, möchte aber nicht unbedingt seine Arbeit im aktuellen Team abgeben, da er sich sehr wohlfühlt und endlich auch eine coole Arbeitsumgebung gefunden hat. Ella hört sich Max Argumente an, erkennt die innere Zerrissenheit und fragt ihn dann: „Max, was möchtest Du eigentlich wirklich wirklich?" Er soll die Frage übers Wochenende mitnehmen und unabhängig von allen Rahmenbedingungen ermitteln, was er wirklich will und was ihn in seiner Arbeit antreibt. Am Montag setzen sich die beiden erneut zusammen und Max berichtet Ella, dass er vor allem Neues erleben und lernen möchte. Er möchte sein Hobby Surfen entspannt mit seinem Beruf verbinden und seine Ungebundenheit genießen, denn das zeichne ihn aus und bringe ihn auf die besten Ideen. Ella fragt ihn, ob ein Unternehmen in Deutschland ihm eine solche Kombination anbieten kann, und etwas zerknirscht verneint Max dies. Max entscheidet sich, das Angebot im Ausland anzunehmen, da er so das Wesentliche in seiner Arbeit und in seinem Leben besser verbinden kann.

Mögliche Herausforderungen

Der Spice Girls Approach wirkt auf den ersten Blick einfach, ist aber in der Auseinandersetzung nicht immer leicht zu beantworten. Daher ist es wichtig, Zeit in die Erarbeitung zu investieren. Es bietet es sich sogar an, dass die Auseinandersetzung außerhalb des Unternehmens stattfindet, um auf diese Weise fokussierter das Wesentliche herauszufinden. In manchen Fällen kann ein Coaching oder ein Consulting beim Herauskristallisieren des Wesentlichen unterstützen.

Gründer sollten überlegen, wann sie sich Zeit für eine solche Auseinandersetzung nehmen. Häufig hilft es, wenn sie in regelmäßigen Abständen die Ausrichtung hinterfragen und dadurch rechtzeitig auf Veränderungen reagieren können.

Start–Stop–Continue

Schwierigkeit	Aufwand	Zielgruppe
●	●	$\bigwedge$ + $\bigwedge\!\bigwedge\!\bigwedge$ + $\bigwedge\!\bigwedge\!\bigwedge\!\bigwedge\!\bigwedge$

▶   Start–Stop–Continue ist eine Methode, die kontinuierliche Verbesserung anregt und systematisiert.

Warum wichtig – Nutzen und Impact

Mit der Methode Start–Stop–Continue kann auf sehr einfach Weise erarbeitet werden, welche Maßnahmen im Unternehmen begonnen, gestoppt und weiterentwickelt werden sollen. Das Team kann auf diese Weise schneller zu Entscheidungen kommen und seine operative Arbeit systematisch verbessern. Die Aufteilung bewegt Teams dazu, ihre Themen kritisch zu hinterfragen und somit besser Prioritäten zu setzen.

Beschreibung

Die Methode Start–Stop–Continue ist ein systematisches Vorgehen, um in Teams herauszuarbeiten, welche Prozesse gestartet, welche gestoppt und welche weiterentwickelt werden sollen. Dabei geht das Vorgehen über eine reine Methode hinaus, da hier ein essenzieller Gedanke des agilen Mindsets in seine einfachste Form gebracht wird. Es wird nach einer kontinuierlichen Verbesserung auf drei Ebenen gefragt:

- Start: Dinge, mit denen man beginnen will. – „Womit möchtet ihr starten?"
- Stop: Dinge, die man nicht mehr tun will. – „Womit möchtet ihr aufhören?"
- Continue: Dinge, die man weiterhin tun will. – „Womit wollt ihr weitermachen?"

Diese drei Fragen können auf unterschiedlichster Ebene und in verschiedenen Ausformungen angewandt werden, sowohl in der Geschäftsführung als Instrument für die Strategieentwicklung genutzt als auch in einem Team, das konkrete Tasks erarbeiten und verbessern will. Ebenso kann Start–Stop–Continue als eine Form der Evaluation betrachtet und verwendet werden, wodurch der Status quo gechallenged wird (s. Hack „Status quo challengen"). Auch für die Reflexion (z. B. von Sprints) kann die Methode als Systematisierung genutzt werden, um Ideen und Inhalte zu analysieren (Stop und Continue) und in die nächste Umsetzung zu bringen (Start). Die Vorgehensweise erfordert eine grundsätzliche Offenheit, Bestehendes zu hinterfragen und stets auf Effektivität und Sinnhaftigkeit (z. B. in Bezug auf Company Mission Statement) zu prüfen, weshalb sie als ein wesentlicher Teil des agilen Mindset betrachtet werden kann. In der Anwendung und als hilfreiche Unterstützung geht sie jedoch über den Einsatz bei agilen Teams hinaus und kann im gesamten Unternehmen Mehrwert stiften.

Tipps zum Implementieren

Start–Stop–Continue kann überall und sehr schnell eingesetzt werden. Es hilft, zu Beginn den Nutzen und den Grundgedanken dahinter zu erläutern, um Skepsis zu verringern. Da bei der Methode manchmal bestehende Arbeitsweisen hinterfragt werden, sollte die grundsätzliche Zustimmung für dieses Vorgehen im Team eingeholt werden. Dabei zeigt sie gut auf, ob die Personen eine ähnliche Meinung zu den Themen haben oder ob diese stark divergiert.

Die Methode kann auch als Game gestaltet werden werden, indem grüne, gelbe und rote Karten im Team verteilt und dann entsprechend hochgehalten werden, um ein Feedback zu bekommen. Grün steht für Continue, Gelb für Start und Rot für Stop (wobei dies je nach Team angepasst wird). So kann schnell und mit Spaß über bestimmte Maßnahmen entschieden werden.

Es erleichtert die Implementierung, wenn Start–Stop–Continue sowohl auf der Managementebene als auch in den Teams angewendet wird. Damit wird ein einheitliches und gemeinsames Vorgehen betont, das von denselben Grundwerten und Verständnis ausgeht.

Beispiel

Mary ist CEO eines Start-ups in Georgien, das mittlerweile auf 100 Mitarbeiter angewachsen ist und stetig weiter wächst. In den vergangenen Monaten hat sie zunehmend gelernt und erfahren, dass sich ihre Aufgaben als Gründerin verändert haben und sie nicht mehr alles selbst machen kann und auch nicht mitbekommt. Auch wenn sie tolle Unterstützung und super Leads hat, möchte sie besser über ihr Unternehmen informiert bleiben und nicht nur über andere Personen Einblick erhalten.

Abends berichtet sie ihrem Freund Tom von ihrem Frust, der ihr versichert, dass das normal sei und sie als CEO nicht überall mit dabei sein könne. „Aber da muss es doch eine einfache Möglichkeit geben, um den Anschluss an meine Leute nicht zu verlieren!", ruft sie aus. „Ich muss doch wissen, was Sache ist und wie die Strategie für die Zukunft des Unternehmens aussehen soll!" „Warum fragst Du nicht einfach Deine Mitarbeiter selbst", fragt Tom sie. Mary verdreht die Augen und kontert: „In so einem Fragebogen, den keiner ausfüllen mag und der nur Zeit kostet?" Er müsse klar strukturiert und leicht zu beantworten sein, antwortet Tom und führt weiter aus: „Im Grunde willst Du doch nur von Deinen Mitarbeitern wissen, was gut ist, was schlecht ist und was so bleiben kann, wie es ist. Dafür gibt es eine Methode, die cool ist – sie heißt Start–Stop–Continue und stammt aus dem agilen Management." Mary lässt Toms Info sacken und nimmt sie in ihre nächste „People-Besprechung" mit. Dort fragt sie Linda nach der Methode und erläutert ihr die Idee eines Fragebogens mit dieser Systematik. „Das wäre genial und es würde tatsächlich nicht viel Arbeit bedeuten, wenn der Fragebogen einfach online gestellt und beantwortet werden kann", sagt diese. Die Auswertung könne sie einfach auf ihr Tablet laden. Linda kreiert in der kommenden Woche einen informellen Fragebogen und stellt ihn Mary vor. Nach einer ersten Testphase stellen beide ernüchtert fest, dass der Fragebogen kaum Anklang gefunden hat, und Mary zeigt sich sichtlich frustriert.

„Die halten das für eine Befragung von der PE und wissen nicht, dass Du Interesse an ihren Antworten hast", merkt Tom abends auf dem Sofa an und schlägt vor, dass Mary die Fragen und den Hintergrund von Start–Stop–Continue im All Hands Meeting selbst vorstellen soll. Im nächsten Monat erläutert Mary den Fragebogen und zeigt an Beispielen auf, wie schnell dieser auszufüllen ist. Nach einem zweiten Durchlauf erhält sie viel mehr Rückmeldungen und erfährt so auch, dass sie den Mitarbeitern weiterhin zeigen soll, welche Informationen von ihnen benötigt (Continue). Ebenso wünschen diese sich, dass sie über die Ergebnisse des Fragebogens regelmäßig Auskunft gibt (Start), was aber nicht immer im All Hands Meeting geschehen soll, da dort andere Themen dringlicher sind. Vielmehr sollte thematisch in den Teammeetings konkret darüber informiert werden.

Als die Belegschaft merkt, dass ihre Ideen aus dem Start–Stop–Continue-Fragebogen teilweise umgesetzt werden, beteiligen die Mitarbeiter sich ausführlicher an der Evaluation, die nun alle sechs Wochen stattfindet. In den Teammeetings wird ein „SSC-Update" installiert, das wenn möglich von Mary selbst oder von Linda in die Teams gebracht wird. Auf Basis von Start–Stop–Continue werden nun nach und nach alle Evaluierungen konzipiert und im Unternehmen durchgeführt. Teams setzen sich zusammen und besprechen, wie sie den Status quo einschätzen. Die gute Übersichtlichkeit und das einfache Arbeiten damit lässt die Methode schnell zur Lieblingsmethode im ganzen Unternehmen werden, von der Evaluation im gesamten Unternehmen bis hin zu einzelnen Teammeetings.

Mögliche Herausforderungen
Bei der Methode Start–Stop–Continue ist es wichtig, dass der Nutzen im Vordergrund steht und erhalten bleibt. Tauchen beispielsweise bei „Continue" immer unterschiedliche Themen auf (die nicht schon einmal durch „Start" gelaufen sind) und werden bei „Start" und „Stop" immer dieselben Themen diskutiert, zeigt sich damit, dass keine Actions

daraus abgeleitet wurden. Das reduziert den Mehrwert der Methode. Hier ist es wichtig, dass die tatsächliche Notwendigkeit kritisch geprüft wird und daraufhin entschieden werden kann, ob der Aspekt relevant genug ist. Ebenso kann noch einmal geprüft werden, ob die drei Ebenen richtig verstanden wurden und die Themen eindeutig formuliert oder beispielsweise zu grob gefasst sind.

Status quo challengen

Schwierigkeit	Aufwand	Zielgruppe
● ●	●	Λ + ⋔⋔ + ⋔⋔⋔⋔

▶ Den Status quo zu challengen bedeutet, scheinbar Selbstverständliches infrage zu stellen und Weiterentwicklung anzuregen.

Warum wichtig – Nutzen und Impact
In Zeiten stetiger Veränderung bedeutet Stillstand im Unternehmenskontext unweigerlich Scheitern. Den Status quo zu hinterfragen, ist deshalb entscheidend, um Routinen zu hinterfragen, Geschäftsmodelle neu auszurichten und Prozesse weiterzuentwickeln. Ohne das bewusste Challengen des Status quo wird ein Unternehmen blind für Verbesserungen und aufkommende Risiken.

Beschreibung
In innovativen New-Work-Unternehmen ist das Hinterfragen des Status quo fester Bestandteil der Unternehmenskultur. Immerhin sind die Start-ups häufig selbst Ergebnis einer Status quo Challenge, bei der ungenutztes Potenzial erkannt wurde. Verschiedene Formate helfen dabei, regelmäßig das eigene Vorgehen und die Ausrichtung zu hinterfragen. Konkret wird ermittelt, welche Produkte oder Services sowie vorhandenen Prozesse und Strukturen im Unternehmen veraltet sind oder verbessert werden müssen. Es kann also sowohl das eigene Produkt oder der Service, die strategische Ausrichtung als auch die Art und Weise des Arbeitens selbst gechallengt werden. Im besten Fall fördert das Unternehmen die Sichtweise, nichts als selbstverständlich zu sehen, sondern permanent nach Möglichkeiten zur Weiterentwicklung und Veränderung zu suchen. Das wohl meistgenutzte Format hierfür ist die Retrospektive (s. Hack „Retrospektiven"). Institutionalisiert wird geschaut, wie Prozesse und Produkte/Services iterativ verbessert

werden können. Ein weiteres beliebter werdendes Format ist die „Nightmare Competitor Analysis". In diesem Format werden potenziell aufkommende Konkurrenten und deren Geschäftsmodelle skizziert, die das eigene Unternehmen zerstören können. Anschließend wird betrachtet, wie das eigene Geschäftsmodell von den Ideen profitieren und verändert werden kann, um sich weiterzuentwickeln und ggf. selbst zu disruptieren (s. Hack „Disruption Option").

Der Status quo kann auf allen Ebenen gechallengt werden und auf der individuellen bis hin zur Unternehmensebene betrachtet werden. Entscheidend dabei sind der selbstkritische Blick und die darauf basierenden Ableitungen für mögliche Veränderungen und Verbesserungen. Dabei ist es wichtig, den Nutzen und das Potenzial neuer Ideen zu prüfen, die das bisherige Arbeiten verändern würden. Grundsätzliches Ziel hierbei ist, die Mitarbeiter dazu anzuregen, ihre Gedanken und Ideen zu teilen und somit reale neue Chancen und Maßnahmen entwickeln zu können. Dabei geht es im Kern auch darum, auf der individuellen Ebene das eigene Vorgehen zu hinterfragen, um nicht in einer Komfortzone zu arbeiten, in der Gewohnheit wichtiger als die Herausforderung und Weiterentwicklung ist.

Tipps zum Implementieren

Den Status quo zu challengen kann unbequem für alle Beteiligten sein. Umso wichtiger ist es, kritisches Denken zu fördern und anzuerkennen. Formate wie die Retrospektive können helfen, Reflexion und stetige Verbesserung zu institutionalisieren. Führungskräfte sollten die Teams dabei unterstützen, Prozesse und Strukturen im Unternehmen kritisch zu hinterfragen, auch über die eigenen Teamgrenzen hinweg. Hierfür kann es hilfreich sein, wenn sie sich in unterstützenden Weiterbildungsangeboten mit Themen wie Growth Mindset und innovativen Methoden beschäftigen. Geeignete Formate tragen dazu bei, selbst zum Unterstützer für kritische und anregende Impulse zu werden.

Beispiel

Nachdem ein Berliner Start-up in fünf Jahren auf über 300 Mitarbeiter gewachsen ist, wird Sabine als weitere Unterstützung im People-and-Organization-Bereich eingestellt. Motiviert beginnt sie ihre Arbeit und fühlt sich bei den Kolleginnen direkt wohl. Nachdem sie bisher in einem mittelständischen Unternehmen gearbeitet hat, gefällt ihr die lockere und persönliche Arbeitsweise sehr. Ihre Stimmung ändert sich jedoch, als zum Monatsende die monatlichen Übersichten erstellt, Gehaltszahlungen und alle weiteren Ausgaben abgerechnet werden müssen. Mit Schrecken stellt sie fest, dass der ganze Prozess noch händisch vonstattengeht und das Team insgesamt eineinhalb Wochen dafür braucht, in denen keine anderen Arbeiten erledigt werden können. Da sie neu im Unternehmen ist, entscheidet Sabine, erst einmal mitzumachen. Innerlich stöhnend übersteht sie die anderthalb Wochen und freut sich auf den Monatsanfang mit angenehmeren Tätigkeiten. Auf ihre Nachfrage, ob es die anderen nicht

störe, jeden Monat sämtliche spannenden Tätigkeiten für anderthalb Wochen nieder-
zulegen, antworten diese: „Schön ist das nicht, aber über die Zeit ist es eben einfach
immer mehr geworden. Außerdem haben wir jetzt Dich, um uns dabei zu helfen!"
Nachdem auch das nächste Monatsende mit viel Mühe und Fleiß überstanden ist,
nimmt sich Sabine vor zu handeln. Im ersten Teammeeting des neuen Monats challengt sie den Status quo: „Für mich ist es unverständlich, dass ihr diese langweilige
Arbeit immer noch händisch macht. Ich selber habe nach nur zwei Monaten überhaupt keine Lust mehr dazu und möchte euch vorschlagen, das Vorgehen hier grundsätzlich zu ändern. Ansonsten wird bei weiterem Wachstum die Aufgabe nur noch
größer und anstrengender." Die beiden anderen Teammitglieder fühlen sich zwar
etwas vor den Kopf gestoßen, verstehen aber Sabines Argumentation. Gemeinsam
entscheiden sie sich, zu ihrem Lead zu gehen und diesem zwei Vorschläge zu machen:
Entweder wird diese Arbeit extern ausgelagert oder es wird Geld in ein neues Programm investiert, welches nach einmaligem Mehraufwand durch dessen Einrichtung
die meisten Arbeitsschritte automatisiert vollziehen kann. Der Lead bittet um eine
kleine Evaluation, die aufzeigt, wie viel Zeit tatsächlich gespart werden könnte. Er ist,
nachdem er diese bekommen und durchgesehen hat, von dem Handlungsbedarf und
der Veränderung überzeugt.

Obwohl sowohl das Team als auch der Lead schon länger von der aufreibenden
Situation wussten, wurde bisher nichts unternommen, um diese zu verändern. Erst
Sabine ist diesen Schritt gegangen, indem sie ganz bewusst und transparent den Sta-
tus quo hinterfragt und eine Änderung vorgeschlagen hat. Nachdem Sabines Mut im
Start-up die Runde macht, werden tatsächlich noch drei weitere und für das jewei-
lige Team ähnlich große Veränderungen angegangen. Daraufhin nimmt sich sogar der
Gründer vor, noch einmal grundsätzlich über das Challengen des Status quo einen
Impuls im All Hands Meeting zu geben. Er muss feststellen, dass trotz Wachstum und
Erfolg es noch keine Selbstverständlichkeit zu sein scheint, den Status quo zu challen-
gen, und nimmt sich vor, das zu ändern.

Mögliche Herausforderungen

Schwierig und für Mitarbeiter demotivierend wird es, wenn kritisches Denken erwünscht
ist, jedoch in konkreten Situationen nicht wertgeschätzt oder abgetan wird. Hierfür sind
die eigene Haltung und Verhaltensweise als Führungskraft zu reflektieren. Unternehmen,
in denen keine kritische Denkkultur herrscht, werden es anfänglich schwer haben, von
ihren Mitarbeitern kritisches Feedback und neue Ideen zu hören. Wichtig ist aufzuzeigen, weshalb das Challengen des Status quo für die Zukunft des Unternehmens und
die Mitarbeiter so wichtig sein kann und wie alle davon profitieren können. Hierbei können Coaches, Mentoren und Moderatoren dabei unterstützen, kritisches Reflektieren zu
fördern und zur Routine werden zu lassen.

Team Bootstrapping

Schwierigkeit	Aufwand	Zielgruppe
●●	●	ооо ᴥ

▶   Ein Team Bootstrapping ist ein Meeting, in dem ein neu gebildetes Team
schnellstmöglich arbeitsfähig gemacht wird.

Warum wichtig – Nutzen und Impact
Ein Team Bootstrapping hilft dabei, dass neue Teams so schnell wie möglich mit ihrer
Arbeit starten können. Das spart sowohl Zeit als auch Geld. Zugleich ist es motivierend
für das Team, da es eine klare Ausrichtung erarbeiten, Aufgaben und Zielsetzungen definieren und gleich zu Beginn ungeklärte Fragestellungen erörtern kann. So kann Fehlern
und Unzufriedenheit bereits im Vorfeld entgegengewirkt werden.

Beschreibung
Ein Team Bootstrapping findet stets am Anfang einer neuen Teamzusammenstellung statt
und beinhaltet das Klären aller wichtigen Themen, um möglichst schnell arbeitsfähig
zu werden. Konkret bedeutet das, dass Teams beispielsweise die Zielsetzungen definieren, ihre Vorgehensweisen und Prozesse besprechen, sich auf regelmäßige Meetings
und Formate einigen und die Art des gemeinsamen Arbeitens besprechen. Dabei werden sowohl Themen und Anforderungen durch die Führungskraft von Unternehmensseite
eingebracht als auch wichtige Themen und Fragen der Teammitglieder. Die Grundidee
ist dabei, alle wichtigen Informationen zu teilen und sich durch die Auseinandersetzung
besser kennenzulernen sowie direkt die ersten Schritte eines Teambuildungs zu erleben.
Ein Team Bootstrapping dauert in der Regel mindestens einen halben Tag und wird meistens von einem Moderator begleitet. Unter Umständen kann es für die Durchführung
sinnvoll sein, das Team Bootstrapping in zwei Abschnitte zu unterteilen:

- Im ersten Teil werden Themen besprochen, die die Anwesenheit und den Input
  der Führungskraft benötigen. Dazu gehören Zielsetzungen, Anforderungen, Verantwortungsbereiche sowie Abhängigkeiten und Freiräume.
- Im zweiten Teil werden alle weiteren teaminternen Themen besprochen, bei denen
  die Führungskraft nicht anwesend sein muss. So erhält das Team die Freiheit und
  Eigenverantwortung zu klären, wie es miteinander arbeiten will, welche Art der Aufgabenverteilung es geben soll und welche gemeinsamen Vereinbarungen und Regeln
  aufgesetzt werden.

Weiter bietet es sich hier an, die Zielsetzung des Teams in ein Mission Statement (s. Hack „Mission Statement") zu bringen und somit die Identität des Teams greifbarer zu machen. Nach einem verabredeten Zeitraum werden die festgehaltenen Inhalte des Team Bootstrappings erneut reflektiert und ggf. basierend auf den bereits gemachten Erfahrungen angepasst.

Tipps zum Implementieren

Bei der Einführung von Team Bootstrapping im Unternehmen ist es wichtig, den entstehenden Mehrwert und konkreten Nutzen aufzuzeigen. Es bietet sich an, einen eigenen Prozess für Team Bootstrapping zu institutionalisieren, der allen neuen Teams dabei hilft, nach einer erprobten Struktur das Meeting durchzuführen. Es lohnt sich, den Prozess des Team Bootstrappings iterativ weiterzuentwickeln und zu verbessern, sodass der Mehrwert über die Zeit weiter erhöht wird. Es ist zu empfehlen, Unternehmenswerte (s. Hack „Core Values") und die strategische Ausrichtung des Unternehmens auf die Teamebene herunterzubrechen und dort für das Team auf das eigene Arbeiten und Vorgehensweisen anzuwenden und festzuhalten. Alle Ergebnisse des Team Bootstrappings sollten schriftlich festgehalten werden.

Beispiel

Nachdem in einem Unternehmen die HR-Abteilung immer größer geworden ist, entscheidet die HR-Direktorin Anke, den Bereich neu zu strukturieren und in kleinere Subteams mit fokussierten Aufgaben und Themenbereichen zu unterteilen. Nach einem längerem Prozess, in den sie die Mitarbeiter eingebunden hat, stehen nun drei konkrete Teams fest: Team „Buchhaltung und Organisation", Team „Weiterbildung und Prozessbegleitung" sowie das Team „Recruiting". Alle Teams werden sich mit Anke zusammensetzen und alle gemeinsam ein Auftaktgespräch haben. Anke hat von einem Start-up gehört, das Team Bootstrappings durchführt und viel schneller anfangen konnte, an den inhaltlichen Aufgaben zu arbeiten. Sie entschließt sich, dasselbe mit ihren Teams auszuprobieren, welche auf ihren Vorschlag hin direkt einwilligen. Sie bereitet alles gründlich vor und holt sich für jedes Teammeeting aus einem der jeweils anderen Teams eine Person als Moderator zur Unterstützung. Gemeinsam planen sie das Vorgehen und die Struktur. Sie fragen auch das jeweilige Team nach wichtigen Punkten, die besprochen und geklärt werden sollen. Im ersten Team Bootstrapping mit Team „Buchhaltung und Organisation" wird die Struktur ausprobiert. Grundsätzlich sind alle zufrieden mit dem Prozess. Das neu zusammengesetzte Team findet heraus, dass die Teammitglieder bisher alle unterschiedlich gearbeitet haben und sich auf bestimmte Vorgehensweisen einigen müssen. Gleichzeitig wird deutlich, dass sie mehr über ihre jeweiligen Stärken erfahren haben und diese versuchen wollen, gezielt einzusetzen. Im Feedback des Meetings am Ende sagen zwei Teammitglieder, dass sie den Prozess gut fanden, sich jedoch vorstellen können, beim nächsten Mal die teaminternen Themen ohne die Anwesenheit von Anke zu besprechen. „Das würde sich irgendwie besser anfühlen", sagt Teammitglied Susanne und andere nicken zustimmend. Im nächsten Team Bootstrapping von Team „Weiterbildung und Prozessbegleitung" bindet Anke das Feedback direkt in den Prozess ein. Im ersten Teil wird alles besprochen, wofür sie anwesend sein muss. Im zweiten Teil bespricht das Team alle weiteren teaminternen Themen eigenständig. Da das gut funktioniert und das Team im Nachhinein sich bei ihr noch einmal für das Vertrauen bedankt, entschließt Anke sich beim dritten Team, dem Team „Recruiting", noch mal genauso vorzugehen, und es gelingt wieder. Nach grundsätzlich positivem Feedback der drei Teams zum Team Bootstrapping entschließt sich Anke, dieses Vorgehen im ganzen Unternehmen zu institutionalisieren. Sie hat für sich gelernt, dass ihr einiges selbst noch nicht klar war, beispielsweise wie viel Freiheit sie ihren Teams geben kann und will. Beim ersten Team musste sie noch improvisieren, beim nächsten war sie darauf vorbereitet. Anke stellt erfreut fest, dass die drei Teams sehr schnell ins Arbeiten kommen und nur wenig ungeklärte Themen auftauchen. Von nun an übernimmt das Team „Weiterbildung und Prozessbegleitung" die Verantwortung für das Team Bootstrapping im Unternehmen und unterstützt neue Teams durch Moderation des Meetings sowie der begleitenden Vorbereitung der Führungskräfte. Diese Informationen fließen direkt in den Vorbereitungsprozess mit ein und werden zum festen Bestandteil.

Mögliche Herausforderungen
Team Bootstrappings sind schwerlich erfolgreich durchzuführen, wenn noch nicht alle nötigen Informationen für die Auftragsklärung und Zielsetzung vorhanden sind (vgl. Abb. 13). Somit ist es wichtig, dass die Führungskraft selbst bestmöglich vorbereitet ist und ggf. offene Fragen im Vorfeld zu klären versucht. Alle Rahmenbedingungen sollten vor dem Team Bootstrapping bestmöglich durch die Führungskraft geklärt werden.

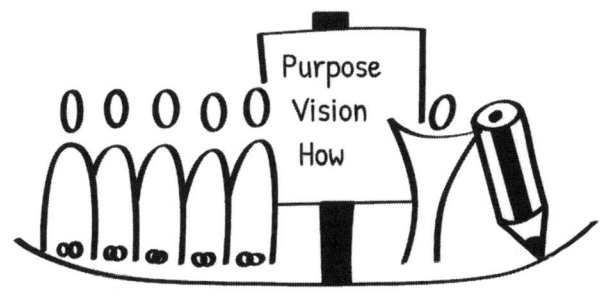

Abb. 13 Team Bootstrapping

Es kann für Teams herausfordernd sein, ohne Unterstützung eines Moderators das Meeting erfolgreich durchzuführen und die Ergebnisse festzuhalten. Hierfür können vor allem Moderatoren oder geschulte Kollegen aus anderen Teams zur Unterstützung herangezogen werden. Das Entwickeln (und Verbessern) einer zum Unternehmen passenden Agenda ist zu empfehlen.

Vision

Schwierigkeit	Aufwand	Zielgruppe
● ● ●	● ● ●	⋀ + ⋔⋔⋔ + ⋔⋔⋔⋔⋔⋔

▶   Eine Vision ist eine verinnerlichte und verbildlichte Zukunftsvorstellung, die sich auf das Unternehmen oder auf das Produkt bezieht.

Warum wichtig – Nutzen und Impact
Eine möglichst konkrete und klare Vorstellung von der eigenen Arbeit oder dem eigenen Unternehmen zu haben, vereinfacht es, Ziele, Handlungsweisen und Vorhaben zu formulieren und darüber zu entscheiden. Eine Vision stärkt die gesamte zukünftige Ausrichtung des Unternehmens und bietet eine nachvollziehbare Orientierung für Führungskräfte und Mitarbeiter.

Beschreibung
Immer wieder lesen oder hören wir, dass in der heutigen, schnelllebigen Arbeitswelt kaum noch geplant werden kann. Das stimmt grundsätzlich und dennoch kann ein Unternehmen nicht erfolgreich werden, wenn es keine Idee zur Zukunft des Unternehmens benennen kann. Bei einer Vision handelt es sich also um eine Art Wegweiser oder Nordstern, nach dem sich das Unternehmen „true north" ausrichten kann. Es ist eine fokussierte, emotionalisierte, meistens stark verbildlichte (vivid description) und verinnerlichte (embodied) Idee von der gemeinsamen Zukunft, die in einem Company Alignment zusammengefasst und transparent gemacht wird. Häufig stammen Visionen aus der Gründungszeit des Unternehmens, da es sich um die ursprüngliche Motivation, Antriebskraft oder den eigentlichen Beweggrund der Founder handelt. Und dennoch kann eine Vision nicht eben mal aufgezeigt werden. Sie muss entwickelt, versinnbildlicht und dann im Unternehmen verbreitet und gelebt werden – das geschieht nicht über Nacht. Eine aussagekräftige und nachhaltige Vision verbindet die einzelnen Kernwerte (s. Hack „Core Values") miteinander und fokussiert diese zu einem Satz oder Szenario.

Zwei der bekanntesten Visionen sind die der NASA „Bring a man on the moon!" aus den 1960er Jahren und des berühmten Automobilherstellers Henry Ford „I will build a motor car for the great multitude". Das sind kurze, pragmatische und dennoch sehr aussagekräftige Visionen, unter denen jeder Mitarbeiter (und Kunde) sich etwas konkret vorstellen kann.

Tipps zum Implementieren

Eine Vision ist nicht einfach aus dem Ärmel zu schütteln – es sei denn, dass sie die Ausgangslage zur Gründung des Unternehmens bildet. Sie sollte die grundlegenden Werte des Unternehmens miteinander verknüpfen sowie verschiedene Perspektiven und Aussagen zu einem Bild und einer Aussage verdichten. Das erfordert in einen kreativen Prozess, der nicht leicht ist und an das Fundament der Unternehmensausrichtung geht. Daher macht es Sinn, sich für die Entwicklung einer Version Hilfestellung zu holen. Ein ausgebildeter Moderator kann geeignete Fragen stellen und Methoden anleiten, die es erleichtern, eine konkrete Zukunftsvorstellung des Unternehmens zu erarbeiten. So erhalten alle am Prozess Beteiligten die Chance, sich komplett auf die Entwicklung der Vision zu konzentrieren. Gängige Methoden, die hier den Kreativprozess fördern und auch Spaß machen, sind z. B. die sog. „Spice Girls Frage" („Tell me what you want, what you really really want") und die „Five Whys".

Eine Vision sollte das Unternehmen grundlegend ausrichten und vor allem allen Mitarbeitern im Unternehmen bewusst sowie zugänglich sein. Daher bietet es sich an, die erarbeitete Zukunftsvorstellung sichtbar zu machen (s. Hack „Visual Essentials"), den Mitarbeitern zu erläutern und konsistent darauf zu rekurrieren (s. Hack „Mission Statement"). Mitarbeiter sollten die Vision des Unternehmens kennen und aktiv an deren Verwirklichung arbeiten sowie danach handeln wollen. Den Umgang mit dieser Thematik kann es erleichtern, wenn die Teammitglieder eine eigene Vision für das Team ableiten, erarbeiten und sich damit bewusst auf die Unternehmensvision beziehen.

Beispiel

Die Vision des Hamburger Website-Baukasten-Anbieters Jimdo lautete lange Zeit „pages to the people". Damit zeigten die drei Gründer, dass es allen Personen ermöglicht werden sollte, eine Website aufzusetzen, zu kreieren und online zu stellen. Anhand dieser Vision konnten Unternehmensentscheidungen im bestmöglichen Sinne dieser Ausrichtung getroffen werden. Einerseits bietet Jimdo nach wie vor ein kostenloses Baukastensystem an, das die grundsätzliche Erstellung einer Website ermöglicht: So kann Nina als Studentin ohne große Kosten ihre selbst genähte Babykleidung ausstellen und anbieten. Andererseits wird die Handhabung des Baukastens so einfach wie möglich gehalten, um wirklich jedem Kunden den Bau einer Website zu ermöglichen: Hermann ist ein 67-jähriger Heimgärtner und kann so seine Gartenarbeit mit anderen teilen und sich über Schwierigkeiten und Erfolge austauschen. Dadurch schafft Jimdo aufgrund seiner Vision, immer wieder das Produkt auf seine Kunden auszurichten und das Bauen von Websites für alle zu ermöglichen.

Abb. 14 Arbeiten mit Vision

Mögliche Herausforderungen

Wenn ein Unternehmen mit einer starken Vision arbeiten möchte, sollte es auch Zeit in deren Entwicklung und Ausarbeitung investieren. Es reicht nicht, ein hoffnungsvolles und buntes Bild für das Unternehmen zu kreieren, sondern dieses muss authentisch zum Unternehmen passen und einen „herausfordernden Charakter" haben. Dafür sind i. d. R. eine Befragung auf verschiedenen Ebenen und das erneute Ergründen der Core Values (s. Hack „Core Values") notwendig, was Zeit und Überzeugungskraft braucht. Die Verantwortlichen werden in ihren Grundwerten des Unternehmens gechallengt, was zur Verunsicherung und Frust führen kann.

Eine aussagekräftige Vision sollte von allen im Unternehmen verstanden und das Arbeiten darauf ausgelegt werden. Wenn die Mitarbeiter die Unternehmensvision nicht verstehen oder überhaupt nicht kennen, kann auch keine Ausrichtung darauf erfolgen. Es ist darauf zu achten, dass auch die Mitarbeiter immer wieder dazu befragt werden (s. Hack „Status quo challengen"), was anstrengend und frustrierend sein kann (vgl. Abb. 14). Diese Vorgehensweise bietet aber auch die Chance, auf Veränderungen rechtzeitig zu reagieren und stets eine verlässliche Orientierung zu haben.

Visual Essentials

Schwierigkeit	Aufwand	Zielgruppe
●	● ●	०००००० ० ⋀⋀⋀⋀⋀⋀

▶   Visual Essentials zeigen transparent die wichtigsten Kernelemente im Unternehmen auf.

Warum wichtig – Nutzen und Impact

Visual Essentials ermöglichen es den Mitarbeitern, sich die wichtigsten Unternehmens-standards (=Company Essentials) besser einzuprägen, jederzeit auf sie verweisen zu können und damit die eigene Arbeit im Sinne des Unternehmens bestmöglich zu gestalten. Damit können Visual Essentials sowohl als Korrektiv für die eigene Arbeit als auch für Feedback aktiv genutzt werden.

Beschreibung

Als Visual Essentials werden alle grundlegend wichtigen Essenzen des Unternehmens (=Company Essentials) bezeichnet, welche die Zusammenarbeit unterstützen, ver-bessern und begleiten. Typische Essentials, die im Unternehmen sichtbar an den Wänden aufgehängt sind, sind Core Values, Mission Statements, Company Vision, Prime Direc-tive oder Meeting Rules. Die wichtigsten Punkte der einzelnen Themen werden dabei in der Essenz visuell ansprechend dargestellt. Vor allem in New-Work-Kontexten sind diese visuellen Reminder überall zu finden und prägen das Unternehmensbild in Meeting-räumen und Büros. Wenn Visual Essentials im Unternehmen aktiv eingebunden werden, tauchen sie beispielsweise in Vorträgen, Pitches und Argumentationen auf und dienen dabei als Grundlage der Auseinandersetzung mit den Themen.

Tipps zum Implementieren

Visual Essentials müssen auf den Punkt gebracht definiert und kommuniziert werden. Hierfür bietet es sich an, in mehreren Iterationen die Inhalte der wichtigen Themen Stück für Stück zu kondensieren. Es ist entscheidend, dass die Essenz selbst mit den Visual Essentials nachvollziehbar abgebildet wird. Bevor aufwendige und teure Visual Essen-tials produziert werden, lohnt es sich, die Inhalte einer kleinen Gruppe von Mitarbeitern verschiedenster Bereiche vorzustellen. Hierbei wird sichergestellt, dass die Visual Essen-tials inhaltlich gut verständlich und zueinander stimmig sind, bevor sie offiziell vor-gestellt und überall im Unternehmen sichtbar gemacht werden.

Beispiel

In einem hitzigen Meeting der Führungskräfte im Bereich HR/People/Talent und Organization geht es um die strategische Ausrichtung im neuen Geschäftsjahr. Unter-schiedliche Ideen werden von den einen vorgeschlagen und von den anderen wieder verworfen. Alle Ideen wirken interessengebunden an den jeweiligen eigenen Themen-schwerpunkten. Erst als eine Führungskraft, Miriam, die anderen dazu anregt, sich im Raum umzuschauen, fangen die anderen Führungskräfte an, die Visual Essentials bewusst wahrzunehmen. Das weitere Vorgehen wird danach wie folgt beschlossen: In kleinen Gruppen werden Vorschläge zur strategischen Ausrichtung erarbeitet, die auf herausfordernde Weise mit den Inhalten der Visual Essentials einhergehen und damit auf die Gesamtausrichtung des Unternehmens abzielen. Es wird verabredet, dass das anschließende Challengen der gegenseitigen Vorschläge auf den Company Essen-tials basiert und damit nicht auf den eigenen Interessen der verschiedenen Bereiche.

Basierend auf dieser Verabredung gelingt es dem Führungskreis, die Ergebnisse auf der Unternehmensausrichtung basierend zu definieren und mit den bestmöglichen Entscheidungen den Erfolg des Unternehmens gemeinsam voranzutreiben. Miriam schlägt vor, in Zukunft immer direkt unter Einbezug der Essentials die Inhalte aufzubereiten und darüber zu entscheiden, was die anderen Führungskräfte gut finden.

Mögliche Herausforderungen

Es kann zu Konflikten kommen, wenn die Geschäftsführung eigene und nicht zum Unternehmen passende Wünsche in Visual Essentials setzen will. Dem ist entgegenzuwirken, indem Visual Essentials immer gemeinsam und in Absprache mit den Unternehmensbereichen erarbeitet und entwickelt werden. Grundsätzlich kann es herausfordernd sein, das richtige Wording zu finden, damit die Visual Essentials mit Mehrwert eingesetzt werden können. Feedback von Mitarbeitern einzuholen, ist daher grundlegend. Wenn Visual Essentials nicht (mehr) den gelebten Werten entsprechen, werden sie zur Hülle einer vergangenen Zeit oder eines Wunschszenarios. Umso wichtiger ist es, Visual Essentials im Unternehmen aktiv einzubinden und die Auseinandersetzung mit den dahinterliegenden Company Essentials konstruktiv zu fördern und einzufordern. Damit Visual Essentials keine Staubfänger werden, ist es wichtig, die Unternehmenskultur dahin weiterzuentwickeln, dass Company Essentials auf jegliche Ausrichtungen der eigenen Arbeit angewendet und Grundlage der inhaltlichen Arbeit werden.

Week of Learning

Schwierigkeit	Aufwand	Zielgruppe
● ●	● ● ●	ೲೲೲೲ

▶   In der Week of Learning wird das vorhandene Wissen im Unternehmen eine Woche lang intensiv ausgetauscht und geteilt.

Warum wichtig – Nutzen und Impact

Das vorhandene Wissen im Unternehmen zu nutzen bedeutet, vorhandenes Potenzial zu aktivieren. Durch die unterschiedlichsten Lernsessions erhöht sich das Wissenslevel des gesamten Unternehmens. Innerhalb einer Woche entstehen ein erweitertes Grundwissen, ein verbesserter Austausch der Mitarbeiter untereinander und eine erhöhte Handlungsfähigkeit für die Herausforderungen im Alltag.

Beschreibung

Die Week of Learning ist ein unternehmensweites Event, das durch verschiedene Veranstaltungen zum Wissensaustausch das miteinander und voneinander Lernen in den Mittelpunkt stellt. Je nach Bedarf können unterschiedliche Elemente wie Keynotes, Trainings, Workshops, Fuckup Talks, Diskussionsrunden, Q&As und weitere eingesetzt werden. Ziel der Week of Learning ist es, einen nachhaltigen Lernimpuls für das Unternehmen zu setzen und gleichzeitig ein Zeichen für die Wichtigkeit von Weiterbildung im Unternehmen zu setzen. Je nach Bedarf oder strategischer Ausrichtung der Week of Learning werden der inhaltliche Fokus und die Formate aufgesetzt. Es bietet sich an, in einer Mitarbeiterbefragung den Bedarf und die Wünsche für entsprechende Themen abzufragen (z. B.: Welche Themen könnte euer Team gut gebrauchen, um unabhängiger und flexibler arbeiten zu können?). In der inhaltlichen Vorbereitung des Formats ist es wichtig, dass Fachexperten in der Aufbereitung der Themen und Impulse unterstützt werden (s. Hack „Knowledge Sharing Formats"). Inhaltlich ist es zu empfehlen, einen Mix aus Fachthemen (wie z. B. Marketing-Tipps, Design, Vertrieb) und Soft Skills (z. B. Zielsetzung, konstruktive Gespräche führen, Moderation von Gruppen) festzulegen. Es können bei Bedarf auch themenbezogene Weeks of Learning ausgetragen werden, die sich einem Oberthema widmen.

Wenn die einzelnen Angebote feststehen, werden diese in eine Wochenstruktur gebracht und transparent gemacht. Mitarbeiter bekommen die Möglichkeit, sich für die verschiedenen Formate und Trainings anzumelden. Hierbei ist es durchaus sinnvoll, stark nachgefragte Themen mehrfach anzubieten. Werden Themen gar nicht gebucht, ist das auch ein Zeichen, das interpretiert werden sollte.

Grundsätzlich wird in der Week of Learning den Experten und Wissensträgern eine große Wertschätzung und Anerkennung entgegengebracht.

Tipps zum Implementieren

Es ist wichtig, ausreichend Zeit für die Planung und Erstellung des Konzeptes einzuplanen. Gerade wenn die unterschiedlichen Themen zum ersten Mal inhaltlich konzipiert und vorbereitet werden, brauchen die Fachexperten häufig Unterstützung und mehrere Iterationen. Die Gründer oder Führungsriege sollten inhaltlich einbezogen werden, damit diese auch einen inhaltlichen Mehrwert für die Week of Learning beisteuern (z. B. mit strategischen Impulsen). Gleichzeitig werden durch ihre Partizipation das Potenzial und die Wichtigkeit des Format betont. Klare Verantwortungen und ein guter Zeitplan unterstützen das erfolgreiche Gelingen der Week of Learning. Bei dem internationalen Hamburger IT-Unternehmen Jimdo wurden als Ergänzung Key Essentials herausgefiltert, die jeder Mitarbeiter wissen sollte. Diese wurden im Format als kurze Impulse an alle Mitarbeiter weitergegeben.

Ein mittelständisches Unternehmen im Dienstleistungssektor verändert aufgrund der Weiterentwicklung des Marktes das eigene Angebot für seine Kunden. Nach einem Pilotprojekt, welches erfolgreich durchgeführt wurde, wird die veränderte Ausrichtung des Unternehmens beschlossen und angegangen. Aufgrund der Neuausrichtung werden an viele Mitarbeiter neue Herausforderungen gestellt und damit neues Wissen gefordert. HR-Manager Tim überlegt gemeinsam mit dem Führungskreis, wie Mitarbeiter am besten schnellstmöglich alles Wichtige zum Umbruch und der Neuausrichtung lernen, besprechen und anwenden lernen können. Sie planen ein Format, welches intensiv statt einer Begleitung über ein halbes Jahr diesen Wunsch ausführen soll. Mit dem Format der Week of Learning schafft es das Unternehmen innerhalb einer Woche, dass alle Mitarbeiter des Unternehmens das notwendige Grundwissen erfahren und sich aneignen können. Nach der Woche fühlen die Mitarbeiter sich befähigt, die neuen Herausforderungen anzugehen, bei Problemen die richtigen Ansprechpartner zu kontaktieren und die eigenen Aufgaben gemäß der Neuausrichtung des Unternehmens kritisch zu hinterfragen und zu prüfen. Tim kann zusätzlich den Führungskreis davon überzeugen, dass es im Anschluss an die Week of Learning weiterhin Gesprächsrunden und Communities of Practice geben wird, um aufkommende offene Fragen gut adressieren zu können.

Mögliche Herausforderungen

Eine Herausforderung kann sein, die Führungsebene zu überzeugen, eine Woche lang intensive Weiterbildungs- und Austauschformate stattfinden zu lassen. Als Planungsteam bietet sich an, aufzeigen zu können, dass selbst bei aktiver Teilnahme der Mitarbeiter der bestehende Betrieb nicht stillsteht. Eine weitere Herausforderung kann sein, genügend Experten zu finden, die bereit sind, ihr Wissen aufzubereiten und zu teilen. Hierbei können Trainings-Experten aktiv unterstützen. Um dem Argument entgegenzuwirken, dass sich nach der Woche nichts verändern wird, lohnt es sich, sich schon im Vorhinein Gedanken über weiterführende Formate sowie Feedback und Evaluation zu machen. Zu empfehlen ist auch, dass interessante Diskussionen, Erkenntnisse und Entscheidungen nach der Week of Learning transparent gemacht werden und in der weiteren Umsetzung unterstützt werden.

Wunsch-Devices

Schwierigkeit	Aufwand	Zielgruppe
●	●	ºººººº ∩∩∩∩∩

▶   Mitarbeitern wird es mit Wunsch-Devices ermöglicht, mit den (technischen)
      Geräten ihrer Wahl bestmöglich zu arbeiten.

Warum wichtig – Nutzen und Impact
In Zeiten von Individualisierung und dem Ausleben persönlicher Vorlieben ist es wichtig,
dass Mitarbeiter zufrieden mit ihren (technischen) Arbeitsgeräten (Devices) wie Laptop,
Smartphone, Schreibtischstuhl sind und gut arbeiten können. Daraus können eine höhere
Produktivität, zufriedene Mitarbeiter, eine individuelle Arbeitsgestaltung und eine gesün-
dere Arbeitsumgebung resultieren.

Beschreibung
Die Art und Weise, wie wir arbeiten, hat sich in den vergangenen Jahren extrem ver-
ändert. Vor allem in der Wissensarbeit und in New-Work-Kontexten findet die meiste
Arbeit entweder am Laptop oder in Gesprächen und Meetings statt. In klassischen Unter-
nehmen wurde stets ein Produkt (z. B. Laptop) für alle Mitarbeiter bereitgestellt. Manche
Mitarbeiter mit speziellen Anforderungen oder höhergestellte Führungskräfte hatten die
Möglichkeit, gesonderte Geräte zu erhalten. Heutzutage funktioniert das so nicht, da die
Arbeitsfähigkeit damit aus Unternehmenssicht Arbeitsbefähigung essenziell sind. Man
muss sich einmal vorstellen, wie es wäre, wenn ein Sportverein an alle Mitglieder, wie
Fußballer, Sprinter, Marathonläufer und Handballer, die gleichen Schuhe verteilt. In die-
sem Fall sind das Fußballschuhe mit Noppen. Es wurde vom Sportverein nach besten
Wissen und Gewissen entschieden, dass diese Schuhe allen einigermaßen passen sollten.
Grotesk, oder? Einigermaßen passend ist aber bei Weitem nicht mehr gut genug. Ähnlich ist es mit den Arbeitsmaterialien, -geräten und technischen Devices. Unterschiedliche Abteilungen und sogar einzelne Mitarbeiter im selben Team haben verschiedene
Anforderungen an das jeweilige Gerät. Bei der produktiven Wissensarbeit geht es vielmehr um individuelle Arbeitsweisen, beispielsweise ob jemand grundsätzlich mit seinem Laptop einen Touchscreen braucht, ein flexibles Notebook nutzt, da er häufiger in
bequemen Sitzecken arbeitet oder viel Rechenleistung für seine Arbeit benötigt. Junge
Mitarbeiter erwarten, dass sie sich ihre Arbeitsgeräte, mit denen sie jeden Tag viele Stunden arbeiten, nach ihren Bedürfnissen auswählen können (s. Hack „Liftsyle Perks").

Tipps zum Implementieren
Damit Mitarbeiter ihr eigenes Gerät für ihre Arbeitsanforderungen auswählen können,
kann es sinnvoll sein, sie bei der Auswahl (in Bezug auf technische Anforderungen) zu
unterstützen. Hierbei geht es sowohl um den „Iindividual Fit" als auch um eine Kosten-
ersparnis. Wenn einem Mitarbeiter für seine Arbeit beispielsweise vier Gigabyte (GB)
Arbeitsspeicher reichen, braucht er nicht aus Prestigegründen den Rechner mit 16 GB
oder 32 GB Arbeitsspeicher. Des Weiteren kann es sinnvoll sein, Richtlinien bzw.
Rahmenbedingungen zu entwickeln, die die Auswahl der Wunsch-Devices regeln, in
Bezug auf zeitliche Aspekte (wie häufig darf sich ein neues Gerät bestellt werden) oder
auf die Kosten.

Beispiel
Eine neue Mitarbeiterin, Noam, kommt als High Potential in ein Unternehmen, welches sich im Umbruch befindet. Das Unternehmen möchte innerhalb weniger Jahre den digitalen Wandel nicht nur überstehen, sondern aktiver Teil dieses Wandels werden. Noam, die schon in Start-ups Erfahrungen gesammelt hat, hat ein leichtes Rückenleiden und arbeitet nur mit MacBooks Air. Nun wird ihr im Unternehmen einen normalen Schreibtisch und einen Standard-Laptop eines anderen Herstellers zur Verfügung gestellt. Noam fragt aufgrund ihres Rückenleidens nach einem Stehtisch, damit sie besser und gesünder arbeiten kann, sowie nach einem MacBook Air, um wie gewohnt mit einem leichten Gerät mobil zu sein im Unternehmen und um sich nicht auf ein neues Betriebssystem einstellen zu müssen. Sie wird zur HR-Abteilung geschickt, in der man ihr mitteilt, dass das normalerweise nicht vorgesehen ist. Auf ihre eindrückliche Nachfrage wird ihr versprochen, darüber im HR-Meeting zu sprechen und sich dann bei ihr zu melden. Vier Wochen später hat Noam immer noch keine Rückmeldung erhalten und denkt konkret darüber nach, das Unternehmen während der Probezeit wieder zu verlassen. Ihr wird deutlich, welchen Einfluss eine individuelle Arbeitsgestaltung auf ihre Zufriedenheit, Produktivität und letztlich auch auf den Verbleib im Unternehmen hat. Sie muss Zeit und Kraft aufwenden, um ein Arbeitsgerät zu erhalten, mit dem sie optimal arbeiten und den bestmöglichen Mehrwert für das Unternehmen erbringen kann. Eine mögliche, wenn auch drastische Schlussfolgerung ist für sie, dass sie das Unternehmen frustriert verlassen wird.

Mögliche Herausforderungen

Die wohl größte Herausforderung und gleichzeitig auch Sorge des Unternehmens ist, dass die Kosten für individuell angepasste Arbeitsgeräte extrem steigen können. Dass die Kosten grundsätzlich steigen, wenn hier eine Wahlmöglichkeit gegeben wird, ist wahrscheinlich, aber nicht zwangsläufig. Den Kosten sind die Mitarbeiterzufriedenheit, steigende Produktivität der Mitarbeiter oder die Aufwendungen eines erneuten Rekrutierungsprozesses gegenüberzustellen. Eine weitere Herausforderung ist der entstehende Aufwand, wenn Mitarbeiter individuell ihre technischen Geräte wählen können. Hierbei bieten sich die Auswahl eingrenzende Rahmenbedingungen an. So kann auch für das Unternehmen ein besserer Planungshorizont entstehen. Am herausforderndsten ist es wohl für Unternehmen, dass Mitarbeiter all diese Entscheidungen als grundlegende und wegweisende Entscheidungen bzgl. ihrer Zukunft im Unternehmen betrachten. Wenn ihnen der Stehtisch, mit dem sie besser und gesünder arbeiten können, verwehrt wird, interpretieren sie das als direkte Verweigerung von gesünderem Arbeiten. Umso wichtiger ist es, Gespräche zu führen und gemeinsam konstruktiv Lösungen zu finden. So kann z. B. in einem Team erst einmal ein Stehtisch aufgestellt werden, der miteinander geteilt wird. Dem Mitarbeiter geht es nicht um Kostenproduktion, sondern darum, seinen Bedürfnissen angepasst und dadurch effektiv arbeiten zu können.

Literatur

Bruch H, Färber J (2018) New Work Transformation – aktive Gestaltung der Arbeitswelt 4.0. Diskussionsimplus DGFP. Personalführung 4/2018. https://www.dgfp.de/fileadmin/user_upload/DGFP_e.V/Medien/Personalfuehrung/Ausgaben_2018/04/PF04_Editorial.pdf. Zugegriffen: 13. Mai 2019

Bungay S (2011) The art of action: how leaders close the gaps between plans, actions and results. Nicholas Brealey Publishing, Boston

Delegation Poker aus Management 3.0 (2019) https://management30.com/practice/delegation-poker/. Zugegriffen: 14. Mai 2019

Duhigg C (2016) What google learned from its quest to build the perfect team. New research reveals surprising truths about why some work groups thrive and others falter. The New York Times Magazine (THE WORK ISSUE) https://www.nytimes.com/2016/02/28/magazine/what-google-learned-from-its-quest-to-build-the-perfect-team.html. Zugegriffen 13. Mai 2019

Gelpke A (2018) New Work: 8 flexible Arbeitsmodelle und ihre Vorteile. https://www.wearesquared.de/blog/8-flexible-arbeitsmodelle-was-sind-die-vorteile. Zugegriffen: 13. Mai 2019

Kerth NL (2001) Project retrospectives: a handbook for team reviews. Addison-Wesley Professional, Boston

Miller P, Wedell T (2013) Innovation as usual: how to help your people bring great ideas to life. Harvard Business Press, Watertown

Planning Poker® Mountain Goat Software (2019) https://www.mountaingoatsoftware.com/agile/planning-poker. Zugegriffen: 14. Mai 2019

Sinek S (2011) Start with why: how great leaders inspire everyone to take action paperback. Penguin, München

Vance A, Musk E (2015) Elon Musk: Wie Elan Musk die Welt verändert – Eine Biografie. Finanz Buch, München

Watts S (2009) The people's tycoon: Henry Ford and the american century. Vintage & Penguin Random House, New York

Wishlist Rewards (k. A.) Learn the core values of the top 25 workplaces. https://wishlistrewards.com/25-top-workplaces-and-their-core-values. Zugegriffen: 13. Mai 2019

Next Steps – Weiterführende Impulse

Wenn du bis hierhin im Buch gekommen bist, hast du nun grundlegende Einblicke in unterschiedliche New-Work-Methoden und Formate gewonnen, die du direkt und praktisch in deine Arbeitswelt übersetzen kannst. Wie kann dir das aber nun gelingen? Basierend auf den 50 New Work Hacks werden in diesem Kapitel weiterführende Impulse gegeben, die dein Arbeiten mit den New Work Hacks unterstützen. Dabei gehen wir auf die grundlegende Frage, wie man sich als Unternehmen modernisieren kann, ein und zeigen, welche Schritte hierfür hilfreich sind. Des Weiteren stellen wir die Quintessenzen einer erfolgreichen Implementierung und Herangehensweisen, um Herausforderungen zu begegnen, zusammenfassend vor. Diese sollen dir als Impulse für das eigene Implementieren der New Work Hacks sowie als Planungs- und Handlungsgrundlage dienen. Abschließend stellen wir Fragen zur weiterführenden Reflexion nach dem Lesen des Buches „New Work Hacks" vor, die erhaltene Insights und deine eigene Gedanken festigen können und im besten Fall zu konkreten Handlungen werden lassen.

Wie kann sich ein Unternehmen modernisieren?

Das ist eine Frage, die sich viele Unternehmer in der heutigen Zeit stellen und die sicherlich nicht einfach – wenn überhaupt – zu beantworten ist. Leider können wir hier nicht wie bei einem Kochbuch einfach ein Rezept aufschlagen und es nachkochen. Auch gibt es ganze Bücher, die sich nur mit dieser einen Fragestellung beschäftigen. Hier stellen wir dir unsere Essenz vor, wie aus unserer Erfahrung eine Veränderung angegangen werden kann und wie moderne Unternehmen typischerweise vorgehen, was häufig von klassischen Change-Prozessen abweicht. Wie kann sich also ein Unternehmen oder wie können sich einzelne Abteilungen erfolgreich modernisieren und beispielsweise mithilfe von New Work Hacks weiterentwickeln?

© Springer Fachmedien Wiesbaden GmbH, ein Teil von Springer Nature 2019   159
N. Schnell und A. Schnell, *New Work Hacks,*
https://doi.org/10.1007/978-3-658-27299-9_5

Grundlage dieser Frage ist die notwendige Auseinandersetzung mit den ersten Schritten hin zur Veränderung. Also mit Fragen, wie: Wo soll etwas verändert werden und wo setzen wir an? Was kann Veränderungen und Weiterentwicklung erfolgreich anstoßen? Hierbei hilft es, sich erst einmal bewusst zu werden bzw. zu analysieren, auf welchem Entwicklungslevel das eigene Unternehmen bzw. Abteilung oder Team gesehen wird. Dabei ist es wichtig, den Stand des Unternehmens im Spannungsfeld von New Work und sinnhafter Arbeit zu betrachten: Was ist der Sinn in der Tätigkeit? Wo können wir aktiv einen Beitrag leisten? Wie tragen wir zum Unternehmenszweck bei? Natürlich können dabei auch Teilbereiche von Unternehmen in der Entwicklung unterschiedlich weit entwickelt und bereits moderner aufgestellt sein. Deshalb unterscheiden wir zunächst in die folgenden drei Kategorien:

- **New Work Explorer:** In vielen Unternehmen wird es darum gehen, sich auf Erkundungstour zu begeben und erste grundlegende Schritte in Richtung New Work im Unternehmen zu gehen. Erste, kleine Veränderungen auszuprobieren und iterativ einzuführen. Hier geht es vor allem darum, das Bewusstsein für New Work – also das Mindset – zu schärfen und Neugierde für New Work zu wecken. Das ist keine leichte Aufgabe, denn Veränderungen werden besonders zu Beginn skeptisch betrachtet, vor allem wenn das Unternehmen nicht routiniert darin ist, sich selbst aktiv mit Veränderungen auseinanderzusetzen. Geduld und Begeisterung sind hier erforderlich, Gespräche über modernes Arbeiten und New Work sind essenziell und kleine Experimente mit ein oder zwei New Work Hacks lohnenswert. Vor allem aber ist das „Why" anschaulich und wiederholend zu erklären, da es das Fundament aller Bemühungen ist.
- **New Work Performer:** In anderen Unternehmen, die schon in den Arbeitsweisen und Strukturen moderner aufgestellt sind, wird es darum gehen, was der nächste Schritt der Weiterentwicklung sein kann. Dabei ist die Idee der stetigen Verbesserung Antreiber für weiteres Ausprobieren und Anpassungen. Hier geht es darum, nach dem Start nicht „außer Atem zu kommen". Iteratives Arbeiten in überschaubaren Schritten und stetiges Aufzeigen der Weiterentwicklung/Verbesserung gelten hier als Ansporn. Dazu ist es wichtig, dass bestehende Formate und Methoden verbreitet werden und sowohl auf Team- als auch auf Unternehmensebene gelebt werden. Das Commitment der Unternehmensführung spielt hier ebenfalls eine große Rolle, denn es geht darum, die Denkweisen von New Work zu verinnerlichen. Es ist wichtig, positive und erfolgreiche praktische Beispiele vor Augen zu führen und für alle erlebbar zu machen, sodass Mitarbeitern das „Why" wiederholt aufgezeigt wird und sie Impulse für weitere Entwicklungen erhalten.
- **New Work Shaper:** In hoch innovativen Unternehmen, die beispielsweise agil arbeiten, modernste Methoden und Arbeitsweisen benutzen und sinnhaftes Arbeiten fest verankert haben, wird der Fokus darauf liegen, dieses Niveau erfolgreich

zu halten. Gleichzeitig wird es aber auch darum gehen, nach weiteren und neuen Möglichkeiten zu suchen, um auch in Zukunft hoch innovativ und auf New Work basierend zu arbeiten. Dabei kann das Unternehmen die gesammelten Erfahrungen nutzen und sein vorhandenes Wissen einbringen. Neue Frameworks und Vorgehensweisen zu entwickeln, die das eigene Arbeiten weiter voranbringen und Vorbildcharakter über die eigenen Unternehmensgrenzen hinweg haben, ist hier ein Antreiber. Das „Why" ist in diesen Unternehmen bereits fest verankert, wird verstanden und in Handlungen selbstverständlich integriert. Die Herausforderung kann sein, weiter „hungrig" nach neuen, innovativen Methoden und Vorgehensweisen zu bleiben und sich nie mit dem bereits erfolgreichen Arbeiten als New-Work-Unternehmen zufriedenzugeben.

Je nach Ausgangslage des eigenen Teams, der eigenen Abteilung und des gesamten Unternehmens werden die einzelnen New Work Hacks unterschiedliches Umsetzungspotenzial haben. Je nach Reifegrad in Bezug auf das New Work Mindset und die gelebte New-Work-Kultur im Unternehmen kann mit mehr Unterstützung gerechnet werden oder mit Herausforderungen gerechnet werden. Eines haben alle Voraussetzungen jedoch gemeinsam: Wenn das „Why", also der sinnstiftende Aspekt, einer Initiative klar aufgezeigt werden kann, erhöht sich die Chance auf erfolgreiches Arbeiten im New Work.

Wie kann man sich nun modernisieren? Auch wenn alle Unternehmen unterschiedlich weit entwickelt sind, gibt es dennoch grundlegende Aspekte zur erfolgreichen Weiterentwicklung und Verbesserung von Arbeit, die für innovative Unternehmen genauso wirksam sind wie für klassische Unternehmen im Umbruch. Hier ist es wichtig:

1. den **„Status quo"** im Unternehmen herauszufinden und zu hinterfragen;
2. den **„Need"** bzw. Bedarf im eigenen Unternehmen zu analysieren und zu ermitteln;
3. das **„Why",** also den Grund für die Veränderung nachvollziehbar aufzuzeigen und zu kommunizieren;
4. passende **„Actions"** im Sinne von Vorgehensweisen (z. B. New Work Hacks) zu finden; und
5. mit **„Test and Reflect"** Experimente zu wagen oder Neues auszuprobieren, um sich stetig zu verbessern, zu reflektieren, zu lernen und weiterzuentwickeln.

Diese grobe und sehr allgemein gehaltene Vorgehensweise ist wichtig, weil sie davor schützt, Dinge zu implementieren, für die es keinen Need (= keine Notwendigkeit und keine Brauchbarkeit) gibt oder die nicht zum Unternehmen passen. Eine gute Analyse, das Einholen von Feedback und Beobachten im Arbeitsalltag sorgen dafür, genauer zu verstehen, was benötigt wird und welchen Mehrwert durch die Initiativen angestoßen werden können.

Was ist beim Implementieren von New Work Hacks zu beachten?

Je nachdem ob du „Explorer", „Performer" oder „Shaper" bist bzw. wie du dein Unternehmen einschätzt, bedarf es unterschiedlicher Bemühungen, um das eigene Umfeld so gut wie möglich zu informieren, einzubinden und zu Mitgestaltern von New Work werden zu lassen. Je weniger das Umfeld über New Work und sinnhaftes Arbeiten weiß, desto mehr einführender Erklärung und Fragenklärung bedarf es – damit die anderen im wörtlichen Sinne des Worte „im Bilde" sind. Bei innovativen Unternehmen, in denen New Work gelebt wird, werden bestimmte Grundlagen und Erklärungen nicht mehr jedes Mal benötigt werden, wenn ein neuer New Work Hack oder eine andere Initiative eingeführt werden soll. Eines bleibt dabei jedoch immer wichtig: „Start with the why" und rege damit zu neuer Denkweise an!

Basierend auf den einzelnen New Work Hacks und den Tipps zum Implementieren, können folgende Punkte als allgemeine Hilfestellungen bewusst eingebunden werden:

Experimente wagen – Es ist immer einfacher, etwas Neues auszutesten, wenn man auch die Möglichkeit hat, dies ggf. nicht als festen Bestandteil zu integrieren, z. B. wenn die Initiative als nicht passend erlebt wird. Gleichzeitig entspricht das dem Gedanken von iterativem Arbeiten. So können beispielsweise kleine Änderungen aus einem Experiment weiterverfolgt werden, bevor eine Initiative direkt beendet oder als unbrauchbar abgestempelt wird. Manchmal reicht eine minimale Anpassung, um eine Idee zum Laufen zu bringen. Das findet aber nur derjenige heraus, der es auch wagt! Gerade in Experimenten sind Mitarbeiter eher bereit, Veränderungen mitzumachen, da Raum zum Ausprobieren vorhanden ist. Eine Voraussetzung zum Gelingen von Experimenten ist es, betroffene Personen hierbei immer einzubinden und zu integrieren, damit nicht über ihre Köpfe hinweg entschieden wird und die Bereitschaft dadurch von Anfang an sinkt. Ebenso können betroffene Personen wichtige Ideengeber für Veränderungen sein und währenddessen Informationen und Feedback geben, da sie das Experiment am direktesten erleben und damit quasi zu „Experten" für dessen Wirksamkeit sind. Wenn Beteiligte gewillt waren, dem Ganzen eine Chance zu geben, und es dennoch nicht funktioniert hat, ist Aufrichtigkeit wichtig. Eine „No Bullshit Rule" trägt dazu bei, Experimente ehrlich zu analysieren, gemeinsam zu reflektieren und davon zu lernen, was die Ursachen für das Scheitern gewesen sein können. Hier eignen sich New Work Hacks wie „Start–Stop–Continue", „Feedback-Kultur", „Iteratives Arbeiten mit PDCA" und „Status quo challengen".

Commitment einholen – Um erfolgreich New Work Hacks einzubinden und auszutesten, braucht es Menschen, die Engagement zeigen und sich verpflichten, die Initiativen zu unterstützen und voranzubringen. Hierbei lohnt es sich, motivierte Menschen zu suchen, die grundsätzlich offen und neugierig sind, neue Dinge auszuprobieren. Des Weiteren sollte man für die Initiativen Personen von wichtigen Schnittstellen einbinden und mit an Bord holen. Diese können mit ihrem Commitment maßgeblich verantwortlich für das Gelingen sein, indem sie als Unterstützer und Vernetzer agieren. Dabei kann es wichtig werden, auch mal den „Querschlägern" oder „Nörglern" im Unternehmen zuzu-hören und sie mit den „Machern" an einen Tisch zu bringen. Schau dir hierzu auch noch einmal den New Work Hack „Status quo challengen" an, schau in der „Open Coffee Area" nach oder besuche „Knowledge Sharing Formats" und „Community of Practice", um auf Interessierte aufmerksam zu werden.

Multiplikatoren finden – Wenn etwas im kleinen Rahmen funktioniert hat, ist die nächste große Herausforderung, die Erfahrungen, das Wissen und die Begeisterung weiterzutragen. Hierbei können am besten diejenigen eingebunden werden, die bereits bei den Initiativen aktiv waren und ihr Wissen nun teilen möchten. Des Weiteren bietet es sich an, Interessierte, die immer wieder nachgefragt haben und der Initiative Aufmerk-samkeit geschenkt haben, einzubinden. Multiplikatoren müssen die dahinterliegende Idee verstehen, Erfahrungen oder ein sehr gutes Verständnis der Herausforderungen haben und in der Lage sein, die Initiative gekonnt kommunizieren zu können. Andere Personen, die bisher nichts mitbekommen haben, sollten von einem Multiplikator informiert, eingebunden und begeistert werden können. Hier kann der New Work Hack „Moderation Skills" oder „Pool Team" hilfreich sein. Alternativ veranstaltest du ein „Knowledge Sharing Format" oder eine „Week of Learning", um geeignete Multi-plikatoren zu finden.

Externe Unterstützung – In manchen Fällen kann es sinnvoll sein, externe Unter-stützung hinzuzuziehen. Diese kann mit Fachwissen und Erfahrung den Prozess der Implementierung professionell begleiten. Hierbei ist es von Vorteil, externe Unter-stützer zu finden, die die Unternehmenskultur verstehen und Hand in Hand mit inter-nen Initiatoren arbeiten. Auf diese Weise können interne Impulsgeber zweifach lernen: von der gemeinsamen Arbeit mit den externen Experten und durch den Prozess selbst. Diese Vorgehensweise ermöglicht es, in Zukunft noch besser Initiativen unternehmens-intern durchzuführen und die neu gewonnene Expertise weiter auszubauen. Hierbei kön-nen dir New Work Hacks wie „Knowledge Sharing Formats", „Pairing" und gemeinsame „Retrospektiven" helfen, die externe Unterstützung bestmöglich zu nutzen.

Vorbild werden – Teams und Personen, die es geschafft haben, einen New Work Hack erfolgreich zu testen und zu implementieren, können durch das Teilen ihres Wis-sens und ihrer Herausforderungen zum Vorbild im Unternehmen werden und eine Vor-reiterfunktion einnehmen. Unternehmensinterne Vorbilder zeigen, dass Veränderung im Unternehmen normal ist und gelebt wird. Zudem sind Kollegen meistens leichter anzusprechen als der Chef. Wird diese Offenheit demonstriert, erleichtert es, direkt bei den Beteiligten nachzufragen, was wiederum Austausch und Kommunikation fördert. Erfolgreiche Einbindungen und gelebte New Work Hacks sind für andere Teams und Abteilungen wohl der beste Grund, etwas selbst auch ausprobieren zu wollen. Schau dir hierzu auch die New Work Hacks „Knowledge Sharing Formates", „Community of Prac-tice" oder „All Hands Meetings" noch einmal an.

Transparenz – Gerade bei nicht sofort sichtbaren Initiativen ist es wichtig, so transparent wie möglich zu sein. Auf diese Weise können Beteiligte ebenso wie indirekt betroffene Parteien bestmöglich mitbekommen, was da gerade läuft bzw. passiert und welche Unterstützung ggf. benötigt wird. Auch dadurch wird der Austausch untereinander gefördert und findet nicht hinter vorgehaltener Hand oder als Flurfunk statt. Gleichzeitig kann durch Transparenz aufgezeigt werden, welchen Freiraum die Initiative in der aktuellen Phase braucht, um tatsächlich richtig ausprobiert zu werden. So kann beispielsweise erklärt werden, dass der Fokus im Team gerade wichtig ist, aber die Initiative im Anschluss vorgestellt und alle im Unternehmen darüber informiert werden. Aktives Informieren und Aufzeigen helfen dabei, Vertrauen zu schaffen, Unterstützung zu erhalten und einen notwendigen Freiraum zum Experimentieren zu erhalten. Hier bieten sich zum Nachlesen die New Work Hacks „Feedback-Kultur", „Ask Me Anything Format", „Mood Check" und „Shift to Leadership" an.

Was sind mögliche Herausforderungen beim Implementieren von New Work Hacks?

Das Implementieren von New Work Hacks wird zwar Spaß bringen und aktiv zur Lösungsfindung beitragen, allerdings auch Herausforderungen mit sich bringen. Sich diese von Anfang an bewusst zu machen, darauf vorbereitet zu sein und darauf reagieren zu können, erleichtert diesen Prozess.

Folgende Punkte kannst du als allgemeine Hilfestellungen nutzen, um auf diese Weise bereits von Anfang an proaktiv zu lernen, mit Herausforderungen und Schwierigkeiten umzugehen:

Lange Prozesse – Große Veränderungsprozesse bergen die Gefahr, unübersichtlich und zeitraubend zu werden. Es bietet sich deshalb an, große Veränderungsprozesse und Einführungen in sinnvolle, kleinere Einheiten zu unterteilen. Auf diese Weise werden sie besser greifbar, besser zu kommunizieren und können leichter eingebunden werden. Ebenso können sie schneller und einfacher angepasst werden. Dabei sollte natürlich nicht das „Bigger Picture" außer Acht gelassen werden. Gerade interne Agile Coaches und SCRUM Master können beim Herunterbrechen von großen Aufgaben in kleinere überschaubare Einheiten unterstützen.

Anhaltender Stillstand – Wenn es bei der Implementierung eines New Work Hacks zum Stillstand kommt, ist es wichtig, alle Beteiligten gemeinsam an einen Tisch zu bringen. Häufig sind fehlende Absprachen, mangelnde Kommunikation und zu wenig Transparenz verantwortlich für Chaos und Stillstand. Gemeinsam zu besprechen, was Priorität hat, was die nächsten Schritte sind und wie man ab jetzt zusammenarbeiten, ist essenziell. insbesondere, wenn eine Implementierung beispielsweise über mehrere Teams oder Abteilungen hinweg geschieht. Mit dieser Vorgehensweise vermeidet man die Demotivation der Personen, die unter dem Stillstand ggf. zu leiden haben.

Kritik zulassen – Gegenstimmen und Kritik bei einem ohnehin schon herausfordernden Experiment können schnell abgetan, zum Schweigen gebracht oder einfach ignoriert werden. Meistens zeigt sich jedoch, dass Diskussion und Gespräche mit Kritikern sinnvoll sind und Mehrwert bringen. So kann beispielsweise schon früh auf Schwierigkeiten, die Meinungen von Mitarbeitern und deren Expertise eingegangen werden. Das zahlt sich nicht nur im weiteren Prozessverlauf aus, sondern ist gleichzeitig ganz Sinne von New Work und dem „people focused"-Ansatz. Beteiligte und Betroffene Kritik üben zu lassen und das Experiment zu challengen, fördert die Auseinandersetzung mit der New-Work-Idee und schafft Vertrauen, um potenziell gute Ideen aufzuzeigen und sich aktiv im Unternehmen einzubringen.

Überforderung – Bei der Einführung von neuen Initiativen kann vieles zum ersten Mal passieren. Meistens wird einiges im Laufe des Prozesses angepasst, verändert, verworfen und weiterentwickelt. Wenn die Herausforderung als zu groß und umfangreich empfunden wird, kann Überforderung eintreten. Den Mut zu haben, das deutlich zu machen und zu artikulieren, bedeutet, wieder in seine Stärke zu finden. Ist der Aufwand für eine Person zu groß, wird es essenziell für das Gelingen und für die Balance der Person sein, weitere Unterstützung zu erhalten. Hiernach aktiv zu fragen und nachvollziehbar begründen zu können, warum Unterstützung wichtig und angemessen ist, erleichtert das Argumentieren. Egal ob interne oder externe Expertise herangezogen wird, gemeinsam ist es leichter, eine anspruchsvolle Situation zu bewältigen.

Weiterführende Fragestellungen zur eigenen Reflexion

Hier findest du abschließend einige Fragestellungen, die die dabei unterstützen, die eigenen Gedanken und Impulse beim Lesen der New Work Hacks weiterführend zu nutzen. Es kann sinnvoll sein, sich etwas Zeit zu nehmen, um über das Gelesene zu reflektieren und sich eigene Gedanken dazu zu machen, damit mögliche Impulse und Ideen nicht im Alltag nach kurzer Zeit verloren gehen. Selbst entwickelte Fragen können in Bezug auf die eigene Situation unterstützend und anregend sein:

- Welche allgemeinen Impulse und Erkenntnisse nimmst du vom Lesen der New Work Hacks mit und wie kannst du diese nutzen?
- Welche Anregungen und Ideen hast du für dein Team, deine Abteilung, dein Unternehmen, und wie wirst du es schaffen, diese passend an der richtigen Stelle zu platzieren?

- Welches Feedback, basierend auf deinen Erkenntnissen beim Lesen dieses Buches, solltest du deinem Arbeitsumfeld mitteilen?
- Was möchtest du dir ganz bewusst vornehmen, um Teil der Veränderung in deinem Arbeitsumfeld zu sein?
- Welche New Work Hacks bereichern dein Unternehmen und warum?
- Was brauchst du noch, um dich aktiv dafür einzusetzen, New Work und modernes Arbeiten einzufordern, einzubinden oder weiterzuentwickeln?
- Und zu guter Letzt: Was ist dein konkreter nächster Schritt, damit du aktiv werden kannst?

Outro

In unserer abschließenden Outro möchten wir einen kurzen Blick in eine mögliche Zukunft der Arbeit werfen. Gleichzeitig wollen wir dich dazu ermutigen, eigene Initiativen und Bemühungen zu beginnen oder weiterzuführen, damit New Work in noch mehr Unternehmen Einzug erhält und intensiviert wird. Lass uns gemeinsam die Suche nach sinnstiftendem Arbeiten angehen und diese zum festen Bestandteil der Bemühungen von Geschäftsführung, Führungskräften und Mitarbeitern werden. Das Leben im „true north" ist ein Gedankenexperiment zur Zukunft unserer Arbeit.

Was wäre eigentlich, wenn der New-Work-Ansatz in allen Unternehmen als fester Bestandteil die Zusammenarbeit und die Kultur maßgeblich prägen würde? In innovativen Kontexten spricht man häufig von einem „true north" als Kompass der Zielerreichung. Nehmen wir einmal an, dass die Bemühungen gefruchtet haben und New Work wirklich wirklich gelebt wird (Bergmann und Friedland 2007, S. 15). Wagen wir dazu folgendes Gedankenexperiment.

Das Leben im „true north"

Menschen arbeiten inzwischen nicht mehr Vollzeit und besitzen auch nicht mehr den einen Job, sondern ihre Tätigkeit ist nach ihren Bedürfnissen und dem Sinn ihres Daseins ausgerichtet. Den Begriff Work-Life Balance kennen sie nicht mehr, weil Arbeiten und Privatleben nicht mehr voneinander getrennt sind, sondern ineinander übergehen. Die Menschen beschäftigen sich in ihren Tätigkeiten damit, einen Beitrag in ihrer Gemeinschaft bzw. Gesellschaft zu leisten, indem sie sich um die Grundversorgung wie Ernährung, Wohnraum, Energie und Gesundheit kümmern. Sie gehen ihrer ganz persönlichen Sinnhaftigkeit nach und erwerben so ihr Einkommen. Das Konzept Arbeit ist ein grundlegend anderes, und es kommt ihnen inzwischen fast absurd vor, früher so viel Zeit

© Springer Fachmedien Wiesbaden GmbH, ein Teil von Springer Nature 2019
N. Schnell und A. Schnell, *New Work Hacks,*
https://doi.org/10.1007/978-3-658-27299-9_6

mit nur einer Sache verbracht zu haben – gerade, weil sie sensibel dafür geworden sind, dass es noch viele andere spannende Dinge im Leben zu tun gibt, und wissen, was sie wirklich wirklich wollen. Darin werden sie stets unterstützt und begleitet, sodass Arbeit als Sinn angesehen wird, der persönlich wünschenswert erscheint und aktiv gestaltet wird.

In den vielen kleinen Unternehmen im „true north" ist es inzwischen längst üblich, die Menschen in ihren Interessen und Bedürfnissen zu fördern. Manchmal ergeben sich hieraus sogar interessante Möglichkeiten für das Unternehmen selbst. Unternehmertum ist allgegenwärtig und wird auf politischer sowie gesellschaftlicher Ebene gefördert. Die Menschen sind gefordert, sich aktiv einzubringen, aber nicht mehr gestresst und ausgebrannt. Die Unternehmen erkennen rechtzeitig den realen Tätigkeitsaufwand, weil ausreichend Daten zur Verfügung stehen, und können so den tatsächlich machbaren und wünschenswerten Anforderungen der Menschen begegnen. Dabei ist die Prämisse, dass Herausforderungen für den Menschen bestehen bleiben, damit er sich weiterentwickeln kann. Überforderungen werden jedoch vermieden, damit der Mensch gesund und aktiv bleibt. Auf diese Weise sind die Anzahl der Krankheitstage extrem gesunken. Die meisten mit Stress in Verbindung stehenden Krankheiten sind nahezu verschwunden. Im „true north" ist die Weiterentwicklung des Menschen zu einem zentralen Bestandteil sinnstiftender Unternehmen geworden. Die Kommunikation hat sich so weit verbessert, dass Hierarchien und Hackordnungen obsolet geworden sind. Es wird auf die gemeinschaftliche Interaktion und Auseinandersetzung fokussiert, da sie den Sinn in der Tätigkeit offenbart und so jeder das ihm mögliche Beste anstrebt und sich seiner eigenen Grenzen bewusst ist. Wenn jemand eine Auszeit braucht, nimmt er sie sich und muss nicht danach fragen. Alle Beteiligten wissen, dass es einen Mehrwert haben wird, wenn dieser Mensch mit neuen Impulsen und neuer Kraft nach einer Auszeit wiederkommt. Unternehmen bieten inzwischen bereichsübergreifend und gemeinsam alles an, was Menschen brauchen, um zufrieden und glücklich die Zeit mit ihrer Tätigkeit zu verbringen. Dazu gehören neben den klassischen Angeboten rund um Sport und gesunde Ernährung inzwischen auch als fester Bestandteil Erlebnisangebote, Meditation und Erholungsangebote – nicht um die Menschen zu verwöhnen, sondern um ihnen regelmäßig die Möglichkeit zu geben, ihre Bedürfnisse zu hinterfragen und den Sinn in ihrer Tätigkeit zu ergründen. Dadurch wird die Arbeit tatsächlich sinnstiftend ausgeführt und niemand braucht sich mehr zu beweisen. Anerkennung und Wertschätzung, gemeinsame Unterstützung und ehrliches konstruktives Feedback haben das Ego in der Arbeitswelt durch neugierige, interessierte und weltoffene Mindsets der Menschen ersetzt. Die meisten Entscheidungen werden basierend auf Fakten und Daten und damit auf geprüften Ideen individueller Impulsgeber getroffen, sodass nicht mehr einzelne Konzerne und deren Management über Initiativen entscheidet, sondern gemeinsam bestmögliche Entscheidungen getroffen werden. Wissen wird inzwischen selbstverständlich geteilt und miteinander ausgetauscht, da nur so die besten Resultate erzielt werden können. Viele Menschen entwickeln sich Zeit ihres Lebens in vielen, unterschiedlichen Bereichen weiter, wobei sie von dem profitieren, was sie bereits wissen. Linear verlaufende Lebensläufe gibt es kaum noch, da jeder Mensch die Möglichkeit bekommt, seinen ganz eigenen Neigungen, Interessen und Bedürfnissen nachzugehen. Es sind viele neue Arbeitsbereiche entstanden, die beispielsweise darauf fokussieren, Menschen zu unterstützen, Arbeit, die nicht mehr sinnhaft ist, zu automatisieren und dafür die Technologien, die im „true north" zur Verfügung stehen, zu nutzen.

Jede Initiative zählt

Abschließend möchten wir unser Buch mit einem Appell, die Wichtigkeit jedes einzelnen Impulses, jeder einzelnen Initiative zu sehen. Um New Work wirklich anzugehen, zählt am Ende jeder einzelne Schritt (Bergmann 2017, S. 23). Es ist momentan noch schwer vorstellbar und auch ein weiter Weg, dass wir Arbeitsbedingungen schaffen können, die sich derart positiv auf das Individuum sowie die breite Masse auswirken. Dazu haben wir heute eine so gute Ausgangsposition wie nie zuvor, denn wir verfügen mittlerweile über viele Kapazitäten, damit Arbeiten sinnhaft und nicht als reine Notwendigkeit in unserem Dasein gestaltet werden kann. Um unsere Arbeitswelt zu modernisieren, bedarf es nicht nur der Gedankenexperimente und der richtigen Mindsets, sondern auch der mutigen Entscheider, mutigen Bedenkenträger, mutigen Herausforderer und mutigen Unterstützer. Jeder von uns kann seinen Teil dazu beitragen, dass sich die Arbeitskultur verbessert und weiterentwickelt. Egal in welcher Position und Rolle wir uns dabei befinden – als Beispiel vorangehen ist immer möglich, wenngleich es mit Verantwortungsbewusstsein, Mut und Herausforderungen verbunden ist. Wir glauben daran, dass es das wert ist. Dass es sinnvoll ist, die Arbeit sinnstiftender werden zu lassen. Dass mehr Menschen die Möglichkeiten bekommen, eine Arbeit zu finden, die sie wirklich wirklich machen wollen.

Dafür müssen wir einerseits wohlwollend kritisch nach innen und außen reflektieren und agieren, andererseits auch die eigenen Ideen und Visionen zu kommunizieren lernen. Am Ende sollten wir die Menschen um uns herum mit Begeisterung davon überzeugen, dass unsere Zeit kostbar ist und nicht vergeudet werden darf. Jeder Mensch hat das Recht auf zufriedenstellende Arbeit, auf faire und menschliche Arbeitsbedingungen. Wir haben die Chance, eine Arbeitswelt zu schaffen, in der es sich lohnt, Experimente zu wagen und neue Wege zu gehen. Jeder von uns kann diese ersten Schritte gehen, die große Umbrüche einleiten können. Dafür brauchen wir neben Mut und Entschlossenheit auch Durchhaltevermögen, Neugierde und jede Menge Herz.

Literatur

Bergmann F (2017) Neue Arbeit, Neue Kultur. Arbor, Freiburg i. Br.
Bergmann F, Friedland S (2007) Neue Arbeit kompakt: Vision einer selbstbestimmten Gesellschaft. Arbor, Freiburg i. Br.

Anhang

New Work Hacks	Schwierigkeit	Aufwand	Zielgruppe
All Hands Meeting	••	•••	👥 (groß)
Ask me Anything	••	•••	👥 (groß)
Chat	•	•	👥 (klein) + 👥 (groß)
Community of Practice	•	•	👥 (klein)
Company Essentials	••	••	👥 (groß)
Core Values	••	••	👥 (groß)
Crossfunktionale Teams	••	••	👥 (klein)
Decision Making Knowledge	•	••	👤 + 👥 (klein) + 👥 (groß)
Delegation Poker	•	•	👥 (klein)
Design Studio	•	•	👥 (klein)
Disruption Option	••	••	👥 (groß)
Estimation Poker	•	•	👥 (klein)
Feedback Kultur	••	•••	👥 (klein) + 👥 (groß)
Flexible Arbeitsmodelle	••	••	👥 (groß)
Fuck up Events	•	•	👥 (groß)
Golden Circle	•	•	👤 + 👥 (klein) + 👥 (groß)
Hackathon	••	••	👥 (klein) + 👥 (groß)
Inhouse Trainings	••	•••	👥 (klein) + 👥 (groß)
Iteratives Arbeiten (PDCA)	••	•	👤 + 👥 (klein)
Job Rotation	•	••	👥 (groß)
Job Sharing	••	•	👥 (groß)
Kanban	•	•	👤 + 👥 (klein)
Knowledge Sharing Formats	•	••	👤 + 👥 (klein) + 👥 (groß)
Leadership Roundtable	•	•	👥 (klein)
Lifestyle Perks	•	••	👤 + 👥 (groß)
Meeting Room Diversity	••	••	👤 + 👥 (klein) + 👥 (groß)
Meeting Rules	•	•	👥 (groß)
Mission Statements	••	••	👤 + 👥 (klein) + 👥 (groß)
Moderations Skills	••	••	👥 (klein) + 👥 (groß)
Mood Check	•	•	👥 (groß)
Offside Teamwork	•	•	👥 (klein)
Onboarding und Offboarding	••	••	👥 (groß)

N. Schnell und A. Schnell, *New Work Hacks,*
https://doi.org/10.1007/978-3-658-27299-9

Open Coffee Area	•	•	👥👥👥
Pairing	•	•	👥
Pool Team	••	••	👥
Post Mortem Analysis	•	•	👥
Prime Directive	••	•	👥👥👥
Professional Internships	••	•	👤
Retrospektiven	•	•	👥
Role Definitions	••	••	👤 + 👥
Shared Pain Points	•	•	👥👥👥
Shift to Leadership	•••	••	👥👥👥
Spice Girls Approach	•	•	👤 + 👥 + 👥👥👥
Start – Stop – Continue	•	•	👤 + 👥 + 👥👥👥
Status Quo Challengen	••	•	👤 + 👥 + 👥👥👥
Team Bootstrapping	••	••	👥
Vision	•••	•••	👤 + 👥 + 👥👥👥
Visual Essentials	•	•	👥👥👥
Week of Learning	••	••	👥👥👥
Wunsch Devices	•	•	👥👥👥

Druck:
Customized Business Services GmbH
im Auftrag der KNV-Gruppe
Ferdinand-Jühlke-Str. 7
99095 Erfurt